Math is Life ■ 015

수학의 창을 통해 보다

이규봉 지음

2014 세종도서 교양부문

이 도서는 2014년 세종도서 (구 문화체육관광부 우수학술도서) 교양부문에 선정된 도서입니다.

KM 경문사

사랑하는 현숙 그리고 글표와 형표에게

0

들어가는 글

수학은 인류가 공동체 생활을 하면서 함께 해온 매우 오래된 학문이다. 초기에 수학은 셈과 더불어 시작되었다. 사회가 발전하면서 산술에서 기하학, 대수학, 그리고 해석학으로 수학의 분야가 매우 다양해졌다. 인류가 이루어낸 놀라운 문명은 수학의 도움 없이는 결코 만들어질 수 없었다.

그래서인지 수학은 매우 중요한 학문이 되어 지금까지 그 생명력을 유지하고 있다. 학교 교육에서 수학은 너무도 중요한 과목이 되었으나 그 어려움에 많은 학생은 괴로워했다. 대부분의 학생들은 수학을 너무 어렵고 힘들게 배워 수학은 우리 실생활과는 전혀 동떨어진 과목으로 생각하게 되었다. 수학을 배우는 것은 오로지 대학을 가기 위한 수단이었다. 따라서 대학을 가면 수학 자체를 생각조차 하기 싫어, 수학은 기피 대상 1순위의 과목이 되었다. 그래서 고등학교까지 우리 학생들의 수학 실력은 세계에서 으뜸이지만 그 후론 그렇지 않다. 수학을 배우는 동기가 매우 부적절하여 대학 입학과 더불어 수학과 담을 쌓기 때문이다.

필자도 수십 년간 수학을 배우고 가르치면서 그와 같은 생각을 가진 적이 있었다. 박사학위를 받을 때까지도 수학은 직장을 얻기 위한 수단이었다. 그러나 수학을 배운 것이 직장을 얻는 것 외에 전혀 쓸모가 없었던 것은 아니었다. 수학을 배우면서 익힌 논리적인 사고는 어느새 필자를 지배하고 있었다.

알다시피 수학의 옳고 그름에는 이론의 여지가 없다. 같은 가정 아래에서 결론에 이르는 길은 여러 가지이나 한번 이루어진 결론은 항상 같고 그 누구도 이것을 갖고 다투지 않는다. 그러나 사회의 많은 분야에서는 그렇지가 않다. 아주 똑같은 사건을 두고 갑론을박은 물론 생사를 건 다툼까지도 한다.

이 책에서 다룬 내용은 수학적이라기보다는 사회, 역사, 환경, 종교 그리고 음악 등에 관한 것이다. 모두 필자의 관심분야로 필자의 사상과 철학을 수학의 개념을 통하여 표현했다. 최근 초·중등 교과과정으로 편입된 '이야기하는(storytelling) 수학'과는 쌍대(dual) 개념이라 할 수 있다. 이야기를 통하여 수학을 가르치는 것이 아니라, 수학의 개념을 이야기로 바꾼 것이다. 그래서 이 책의 내용을 '수학으로 이야기하기' 또는 '거꾸로 이야기하는 수학'이라 할 수 있다.

필자는 시민단체인 '민족문제연구소' 회원으로 활동하면서 얻은 지식과 관심으로 1장에서는 우리 사회에 노동조합이 왜 꼭 필요한지 설명했고, 2장에서는 상거래에 있어서 독점행위를 왜 막아야 하는지 설명했다. 3장에서는 인구의 변화를 설명하면서 2012년 대통령선거의 부정선거 시비 논란에 대해서 의견을 냈다. 또 다른 시민단체인 '대전환경운동연합'과 더불어 환경에 관심을 가지면서 4장에서는 불필요한 종이의 낭비를 막기 위해 우리가 사용하고 있는 복사용지에 숨어 있는 수에 대해 설명했고, 5장에서는 자전거의 친환경적인 면을 설명하면서 기어에 담겨 있는 비율에 대해 살펴보았다. 똑같은 역사적 사실을 갖고 서로 다르게 해석하여 사회에서 다툼이 일어나는 것을 보고 쓴 것이 6장의 '황희 정승'에 대한 일화이다.

수학의 결과는 절대적으로 옳다고 생각하는 사람이 많다. 하지만 반드시 그렇지는 않다. 수학의 결과는 상대적이라고 봐야 한다. 그 결과를 돌출한 가정이 달라지면 결과는 완전히 달라질 수 있다. 하물며 사회에서 일어나는 일이야 두말할 나위도 없다. 조선의 황희 정승이 한 가지 사건을 두고 당사자들에게 "너도 옳고, 너도 옳고, 당신도 옳다."고 한 대답이 결코 어려운 상황을 피하기 위한 비굴한 답이 아니라 옳은 말임을 다양한 기하학을 소개하면서 설명한다.

달리기와 자전거 같은 운동을 좋아하면서 얻은 생각을 서술한 것이 7장에 있는 '고생 끝에 즐거움'이다. 필자도 기독교도이지만, 종교적인 믿음을 갖고 있음을 표방하면서도 반종교적이고 반윤리적인 행동을 하는 사람들이 많은 것을 보고 쓴 것이 8장의 '종교의 가르침은 이웃사랑'과 사형제도 폐지를 주장하는 9장의 '사형보다 피해자 마음을 더 달래주는 종신노역형'이다. 10장의 '신의 세계를 능가하는 수학의 세계'에서는 신의 세계를 무한으로 보았을 때 수학은 그보다 더 큰 무한을 다룰 수 있음을 보였다. 법정스님의 무소유를 늘 생각했기에 11장에서 공집합을 이용하여 '수학의 무소유'를 서술했다. 수학에서 흔히 문제를 해결하는 데 사용하는 방법이 삶에도 그대로 적용되는 것을 느끼고 쓴 것이 12장의 '변화 - 풀이 - 역변환'이다.

필자는 학생 시절에 관악부의 일원으로 클라리넷을 연주했고 지금은 전통 악기인 피리를 연주하고 있다. 이것을 계기로 음악이론을 알게 되어 쓴 것이 서양음악과 우리 전통음악에 관련된 13장의 '음악에 숨겨 있는 정수비'와 14장의 '음계를 만드는 수'이다. 마지막으로 15장에서는 14장의 이론을 이용해 수의 비율이 어떻게 음을 만드는지 실제로 보이기 위해 현악기를 만드는 과정을 설명했다.

이 모든 것은 필자가 수학을 전공했기에 관심을 가진 것이 아니다. 수학을 공부한 것이 필자가 다른 관심 분야를 공부하는데 큰 도움이 되었으며, 수학의 결과가 사회에서 일어나는 현상을 설명할 수 있겠다는 것을 알게 된 것이다. 다시 말하면 수학이라는 창을 통해 필자의 관심 분야를 해석한 것이다.

수학을 배워두면 자신이 그 어떠한 분야를 공부해도 도움이 된다. 대학에서 수학을 충분히 배워두면 대학원에서 수학과 다른 어떤 분야를 공부해도 수학을 배운 것은 결코 헛되지 않고 오히려 다른 전공을 한 사람보다 훨씬 더 좋을 수 있다. 수학은 중요한 학문적 도구로 언제인가 도움을 준다. 마찬가지로 중·고등학교 때 배운 수학도 대학 입시문제를 풀기 위해 힘들게 배웠지만 시간을 낭비한 것은 결코 아니다.

이 책은 수학에서 보여주는 결과를 갖고 다양한 분야의 문제를 설명해 본 아마도 최초의 책이 아닐까 생각한다. 정확한 논증으로 필자의 주장을 설명한 것이 아니라 수학의 결과를 나름대로 인문학적으로 풀이해 본 것이니 필자와 의견을 달리 할 수도 있음을 강조한다.

일반인이 읽기 편하게 가능한 본문에서 좀 어렵다고 느낄 수 있는 수학적인 내용은 부록의 〈수학 더 알아보기〉에 따로 모았다. 이것을 읽기에는 약간의 수학적인 지식을 요구하나 고등학교 정도의 수학교육을 받았으면 충분히 읽어 볼 수 있다. 본문과 관련하여 좀 더 알아보고 싶은 것도 부록의 〈좀 더 알아보기〉로 따로 모았다.

다룬 분야가 다양하여 여러 사람의 도움을 받았다. 아내 조현숙 박사가 교정을 보았다. 배재대학교 물리학과의 조창호 교수님, 전자공학과의 이진걸 교수님 그리고 일본학과의 강철구 교수님, 인천대학교 수학과의 함남우 교수님, 강원대학교 법학전문대학원의 김한택 교수님 그리고 대금 연주자인 송승민 선생님이 아낌없는 조언을 해주었다. 특히 배재대학교 법학과의 김종서 교수님과 음악과의 김영집 박사님의 조언은 내용을 바꾸게 했다. 마음을 담아 감사를 표한다.

2013년 8월 도솔산 자락에서

이규봉

내용 보기

01

평등의 실현 노동조합

$$(a+b)+c \overset{?}{=} a+(b+c)$$

자연은 기본적으로 약육강식의 세계이다. 힘이 센 놈이 약한 놈을 잡아먹고 산다. 그럼에도 불구하고 인간이 개입하지 않는 한 생태계는 건강하게 유지된다. 그 이유는 동물에게는 탐욕이 없기 때문이다. 동물은 본능적으로 배가 고프면 자기보다 약한 동물을 잡아먹지만 배가 부름에도 약한 동물을 마구 공격하여 멸종시켜 가며 다른 동물이 먼저 먹을까봐 또는 나중 배고플 때 쉽게 먹으려고 저장해 놓는 일이 별로 없기 때문이다.

반면에 사람은 어떤가? 인류가 사회를 이루고 국가를 형성하면서 전쟁이 없었던 적이 거의 없었다. 전쟁이란 기본적으로 힘이 강한 나라가 약한 나라가 가진 것을 강제로 빼앗는 행위이다. 심지어는 힘이 약한 인종을 멸종시키기도 한다. 자신이 먹고 살기에 충분한 재산이 있음에도 불구하고 더 많은 이익을 얻기 위해, 많이 가진 자가 덜 가진 자가 가진 것 또는 덜 가진 자에게 가야 할 몫을 힘으로 빼앗는 경우가 너무도 많다. 사람도 동물이건만 동물에게서는 볼 수 없는 탐욕이 본능으로 자리잡고 있다. 천민자본주의의 속성이다. 그러나 역시 사람은 동물이 아닌지라 동물의 사회에서는 결코 보기 어려운 행동을 하기도 한다. 그것은 힘이 없는 농민이나 노동자들이 힘이 있는 자들의 탐욕에 대해 대규모로 힘을 합해 끊임없이 저항을 해온 것이다. 그 저항은 때로는 승리했고 때로는 패배했다. 이러한 저항은 반란이든 혁명이든 관계없이, 결과적으로 힘없는 자들의 분노어린 저항은 가진 자에게나 못가진 자에게나 심각한 불행을 초래한다.

인권을 중시하는 21세기에도 사회 이곳저곳에서 사람들이 시위하고 항의하는 일이 많이 벌어진다. 개인적으로 호소하는 1인 시위도 많지만 집단으로 나서는 경우도 많다. 1인 시위는 관계기관에 신고 없이 할 수 있어 자신의 의견을 나타내고 싶은 개인은 누구나 할 수 있다. 그러나 2인 이상의 시위는 반드시 신고하고 허락을 받아야 한다. 이러한 집회의 자유는 헌법 제21조로 보장받고 있다.

대체로 기업에는 노동조합이 있어 노동자들을 대신해 노동조합이 매년 사용자와 단체협약을 한다. 만일 납득할 만한 이유 없이 노동자의 의지가 관철되지 않고 협상이 이루어지지 않으면 헌법 제21조에 의해 노동조합은 집단으로 시위할 권리가 있다. 또한 헌법 제331조에 의해 노동자들이 집단적으로 노무 제공을 거부하는 파업을 주도하는 등 단체행동권도 행사할 수 있어 사용자와 타협할 수 있는 여지를 남겨놓을 수 있다. 그래서 사용자는 회사에 노동조합을 만들지 못하게 하거나 아니면 노동자 편이 아닌 사용자 편에 서 있는 어처구니없는 어용 노동조합을 만들기도 한다.

노동자들을 위하는 진정한 노동조합이 없다면 각 노동자는 사용자의 관대함에 호소할 수밖에 없다. 그것은 마치 노예가 주인이 너그러워지기를 기다리고, 머슴은 상전이 관대하게 베풀기를 기다리는 것과 같다. 다행히 좋은 사용자를 만난다면 얼마나 다행일까? 하지만 인간의 본능은 그렇지 않다. 한 재벌의 회장은 자기 회사에 근무하는 직원을 서슴없이 자기 머슴이라고 말했다.

노동3권은 헌법적 권리

집단 시위는 시민들에게 많은 불편을 초래하므로 자신의 일이 아니라고 생각하는 많은 시민들은 못마땅하게 생각할 것이다. 그러나 국가의 의사 결정을 시민이 통제할 수 있는 민주주의 국가라면 시위는 당연히 법적으로 보장을 받는다. 헌법의 기본권으로 집회나 시위를 할 수 있는 자유를 보장한다는 것은 그러한 집회나 시위를 함으로써 필히 따르는 교통이나 도로 통행에 대한 불편함을 여타의 시민들이 감수해야 함을 의미하는 것이다. 때문에 민주주의 시민이라면 노동조합의 집회나 시위 역시 감수해야 한다.

우리나라도 민주주의 국가이므로 노동자들의 행동을 헌법으로 보장하고 있다. 헌법 제33조 제1항에는 "근로자는 근로조건의 향상을 위하여 단결권과 단체교섭권 및 단체행동권을 가진다."라고 분명히 명시되어 있다. 이 조항은 한 사회가 골고루 행복하게 살 수 있게 하는 아주 합리적인 조항이다. 왜냐하면 사회 구성상 강한 자와 동등한 위치에서 협상을 할 수 있는 것은 약한 자들의 집단이기 때문이다. 《국부론》을 저술한 애덤 스미스는 자본주의 사회에서 벌어질 수 있는 비인간적인 인권침해를 막기 위해서 단체행동권은 반드시 법으로 보장되어야 한다고 했다. 이 조항이 없다면 노동조건을 개선하기 어려워 사회적으로 약자인 노동자의 행복권은 추구하기 매우 어렵고 결과적으로 사회의 불안 요소가 된다.

단결권은 노동자가 노동조합을 조직할 수 있는 권리와 또 그가 원하는 노동조합에 가입할 수 있는 권리이다. 단체교섭권은 노동자가 노동조합이나 기타 노동단체의 대표를 통해 사용자와 노동조건에 관하여 교섭하는 권리로 사용자는 정당한 이유 없이 이를 거부할 수 없다. 단체행동권은 사용자와 노동조합이 계속 대립하는 경우, 이를 해결하기 위해 노동조합이 근로계약에 따른 노동력을 제공하지 않음으로써 통상적인 영업을 저해하여 사용자에게 그들의 의사를 나타내는 투쟁 행위를 가리킨다.

비록 단체행동권의 행사는 법률이 정하는 바에 따르게 되어 있어 제한을 받고 있지만, 노동자들은 자신들의 인간다운 삶을 보장받는 최소한의 장치인 노동3권을 법적으로 보호받고 있다. 노동3권은 현대 입헌주의 헌법의 시작이라 볼 수 있는 1919년 바이마르 헌법에 규정된 이후 세계 각국의 현대 헌법에 수용되어 오늘에 이른다.

우리나라 헌법은 단체행동권을 노동자들의 권리로 보장하고 있어 기업업무의 정상적인 운영을 저해하는 집단적 행위를 정당하게 할 수 있고, 사용자는 이로 인해 발생되는 손해를 감수해야만 한다. 따라서 사용자는 타협을 할지 아니면 단체행동권으로 인해 손해를 볼지를 다시 한 번 생각해 볼 여지가 있다. 물론 노동자도 단체행동을 하면 무노동 무임금 정책이나 사용자의 직장폐쇄로 손해를 볼 수 있다.

노동3권은 헌법 제11조가 선언하는 법 앞에서의 평등한 원칙에도 불구하고 현실적으로 사용자와 노동자 사이에 존재하는 불평등을 인정하는 것으로 평등성에서 출발한다. 만일 사용자가 횡포를 부리는 경우 그 직장을 그만둘 각오를 하지 않는 한 개인적으로 노동자는 맞설 힘이 없다. 그렇게 되면 비록 사용자의 수가 적지만 그들은 사회를 구성하는 많은 사람을 지배하고 있어 그들이 정의롭지 못하게 행동하면 그 사회는 봉건사회로 회귀하거나 또는 자본독재사회가 된다. 그렇게 되면 대부분의 노동자는 과거 농노처럼 권리는 없이 복종만 하고 서로가 서로를 감시하는 인간답지 못한 삶을 살아야 한다. 역사가 보여주듯이 민중의 분노가 쌓이면 감정이 폭발하여 민중혁명이 일어날 수도 있다. 혁명 중에 많은 민중이 살상되었지만 이것은 사용자가 주를 이루는 기득권층에도 악몽일 수밖에 없다.

그러므로 노동조합이 있다는 것은 큰 힘을 가진 소수 사용자의 횡포에 힘이 없는 다수의 노동자가 인간다운 삶을 보장받기 위해 대등하게 맞설 수 있을 뿐 아니라, 힘을 가진 자도 함께 편안하게 살 수 있는 최소한의 사회적 장치인 것이다. 도둑을 잡기 위해 경찰력을 강화하는 것보다는 도둑질을 하는 사람이 없도록 사회 분위기를 만드는 것과 같다.

복지정책이 잘 발달된 서유럽 선진국가들의 공통점은 노동자들이 노동조합에 많이 가입할 뿐 아니라 정치·사회적으로도 영향력이 상당히 크다는 것이다. 그러나 우리나라는 2010년 현재 노동자의 노동조합 가입률은 10%도 채 되지 않는다. 이는 10명 중 9명 이상이 노조의 보호를 받지 못하고 각종 불이익을 감수하고 있다는 뜻이기도 하다.

이렇게 된 주된 원인은 지난 1998년에 닥친 금융위기 이후 세계통화기금(IMF)의 자금을 지원받기 위해 세계통화기금의 권유에 따라 경쟁을 전면화하고 노동을 유연화하는 등 완전경쟁을 지향하는 신자유주의를 받아들였기 때문이다. 신자유주의 물결 아래 기업의 가치를 높인다는 이유로 기업은 비정규직을 양산하여 노동자의 해고를 자유롭게 한 것이다. 인건비 절감으로 당장은 기업의 가치가 올라가 자본가인 주주들의 이익은 증대했지만 다수의 노동자는 사회 저소득층이 되고 그들을 대변할 제도적 장치도 사라져 오히려 나라 전체에는 큰 부담이 될 수도 있다.

노동조합이 필요한 이유를 하나의 큰 수와 여러 개의 작은 수의 합을 통해 알아보자.

더하는 순서를 바꾸면 결과가 달라질 수 있다

수를 더하는 과정에서는 더하는 순서를 바꾸어도 그 결과는 변하지 않는다. 예를 들면 $3+4$와 $4+3$은 모두 7로 같다. 이러한 수의 법칙을 '교환법칙'이라 한다. 또한 $3+4+5$에서 $3+4$를 먼저 하고 그 결과에 5를 더한 것이나 $4+5$를 먼저 하고 그 결과를 3에 더한 것이나 그 답은 모두 12로 항상 같다. 즉, $(3+4)+5=3+(4+5)$이다. 이러한 법칙을 '결합법칙'이라 한다. 그러므로 더하는 과정에서 그 순서는 전혀 결과에 영향을 미치지 않는다.

그러나 이러한 당연한 사실이 성립되지 않는 경우가 아주 가까이에 있다. 바로 컴퓨터이다. 컴퓨터의 키보드를 이용하여 수를 입력하면 이 수는 마치 우리의 뇌가 수를 기억하듯이 컴퓨터에 있는 저장장치에 저장된다. 만일 자릿수가 매우 많은 수라면 어떻게 될까? 우리가 표기할 수 있는 한, 우리의 뇌는 이것을 기억한다. 하지만 컴퓨터는 우리가 표기할 수 있는 것을 정확하게 기억하지 못할 수 있다. 그 이유는 자릿수가 무한히 많은 수를 모두 저장할 수 있는 장치가 없기 때문이다.

수는 무한히 많지만 컴퓨터에 있는 저장장치는 그 공간이 유한하므로 그에 맞는 자릿수의 수만 저장된다. 즉, 컴퓨터는 모든 수를 있는 그대로 정확하게 저장할 수 없는 태생적인 문제를 갖고 있다. 그래서 저장된 수와 실제의 수는 차이가 있을 수 있는데 이러한 차이를 마무리오차라 한다.

> 유한한 자릿수의 덧셈에서는 더하는 순서를 바꾸면 결과가 달라질 수 있다.

더하는 순서를 바꾸면 결과가 달라질 수 있음을 쉽게 설명하기 위해 컴퓨터는 오직 세 자릿수(이를 유효숫자라 한다)만 나타내고 그보다 큰 자릿수는 반올림한다고 하자. (왜냐하면 컴퓨터가 아무리 많은 자릿수의 수를 나타낸다고 할지라도 그 자릿수는 유한하므로 그 결과는 같기 때문이다. 괜히 설명만 복잡할 뿐이다.) 그러면 네 자릿수 4562를 컴퓨터에 입력하면 반올림되어 4560으로 저장된다. 왜냐하면 컴퓨터 내부에서 4562는 소수 형식인 0.4562×10^4으로 표현된다. 그런데 컴퓨터는 3개의 자릿수만 나타낼 수 있으므로 마지막 2를 나타낼 수 없다. 그러므로 이 수는 한 자리 위로 반올림되어 0.456×10^4로 저장되어 컴퓨터 화면에 4560을 보여준다. 결국 4562은 4560이 되어 오차가 발생한다. 이러한 마무리오차가 계산하는 중에 계속 쌓이면 그 결과가 심각하게 달라질 수 있다.

컴퓨터의 구조상 필연적으로 발생하는 이러한 오차 때문에 컴퓨터에서 더하는 순서를 바꾸면 그 결과가 달라질 수 있다. 예를 들어, $4560+2+2+2$의 값을 구할 때 더하는 순서만 바꾼 $((4560+2)+2)+2$와 $4560+(2+(2+2))$는 그 값이 같지 않다.

첫째 식은 앞서 설명한 것과 같이 4560에 2를 더하면 4560이 되므로 이 결과에 반복해 2를 다시 더해도 그 결과는 변함없이 4560이다. 그러나 둘째 식은 2끼리 먼저 더한 수 6을 4560에 더하므로 그 결과 4566은 컴퓨터 안에서 0.4566×10^4로 표현된다. 이 컴퓨터는 3개의 자릿수만 나타낼 수 있으므로 마지막 6이 한 자리 위로 반올림되어 그 앞의 수 6이 7로 된다. 그러므로 이 수는

0.457×10^4이 되어 4570이 되는 것이다. 즉

$$\begin{aligned}((4560+2)+2)+2 &= (4560+2)+2 \\ &= 4560+2 \\ &= 4560 \\ 4560+(2+(2+2)) &= 4560+(2+4) \\ &= 4560+6 \\ &= 4570\end{aligned}$$

따라서 큰 수에 상대적으로 아주 작은 수를 반복해서 더해 보았자 큰 수는 변하지 않는다. 그러나 작은 수끼리 먼저 더하여 수를 키우고 나중에 큰 수에 더하면 큰 수가 변한다. 그러므로 덧셈을 할 때는 비슷한 크기의 작은 수끼리 먼저 합하여 그 결과를 큰 수에 합하는 것이 매우 바람직하다.

큰 수는 사용자, 작은 수는 노동자

민주적인 문화가 상실되어 소통이 제대로 이루어지지 않으면, 기업뿐 아니라 사회의 그 어떤 조직도 권력(또는 인사권)을 가진 자가 횡포를 부릴 때 그 조직에 소속되어 있는 개개인 노동자는 항의조차 할 수 없게 된다. 그러나 그 잘못됨을 단체로 대응하면 횡포를 일부분이나마 막을 수 있다. 큰 수를 사용자로 보고 작은 수를 노동자로 보자. 큰 수에 작은 수를 더하면 전혀 큰 수에 영향을 주지 않듯이, 횡포를 부리는 사용자에게 노동자 개개인이 항의해 봤자 그 효과는 없고 자신만 피해보게 된다. 결국 작은 수에 해당하는 노동자끼리 먼저 힘을 합하여 단체로 행동하면 큰 수에 해당하는 사용자는 조금이나마 변할 수 있다는 것이다. 그래서 민주사회에서는 노동자의 인간다운 삶을 보장하기 위해 노동조합이 반드시 필요하다.

어떤 학급이 있다. 이 반에 짱이 한 명 있어 다른 누구도 감히 그의 행동에 항의를 하지 못한다. 어떻게 해야 할까? 혼자서 짱한테 대들어 봤자 얻어맞기만 할 뿐, 개선할 수 없다. 선생님한테 말해도 짱을 편애하고 있어 오히려 더 악화될 수 있다. 가장 쉬운 방법은 짱의 부하로 들어가 시키는 대로 하고 던져주는 것을 받아먹고 사는 것이다. 다시 말하면 배부른 돼지가 되는 것이다. 다른 방법은 소신을 지키며 버티는 것이다. 비록 배는 고프지만 자유의지를 가진 소크라테스가 되는 것이다. 후자의 방법은 비록 처음에는 힘들고 고달프겠지만 같은 처지의 여러 학우들이 힘을 합쳐 함께 대항하면, 그가 선생님의 비호 아래 짱의 자리를 내놓지는 않을지라도 함부로 학우들을 대하지 못하게 된다. 힘이 약한 자들은 함께 힘을 합쳐야 한다. 그래야 정의롭지 못한 사용자나 권력자의 횡포를 부분이나마 막을 수 있다. 이런 점에서는 노동자의 단결과 단체교섭 및 단체행동은 사회적 약자들 다수가 모여 집단적으로 의견을 표현함으로써 권력자나 사회적 강자들에게 대항하는 것을 핵심으로 하는 집회나 시위의 자유와 통한다.

그러나 아무리 힘이 약한 자들이 뭉쳐도 이와 같이 뭉치는 것을 교묘히 법으로 통제하면 효과를 발휘하기 매우 어렵게 되고 오히려 심각한 고통을 받을 수 있다. 산업화가 이루어지던 시절, 노동자들의 파업이 나라의 이익을 해친다는 이유로 유럽은 파업을 금지하는 법을 만들었고 일제강점기에도 이러한 법이 있었으나 지금은 유럽도 일본도 모두 이러한 법을 폐지했다. 그러나 우리나라는 아직도 그러한 법을 유지하고 있다. 그것이 '업무방해죄'이다. 이 법을 근거로 회사는 파업을 하는 노동자에 대한 손해배상이나 재산을 가압류하는 소송을 할 수 있게 됐다. 그 결과 우리나라에서는 많은 노동자들이 이중, 삼중의 고통을 당해 심지어는 자살을 하게 되는 경우도 종종 보게 된다. 업무방해죄는 하루 빨리 폐지해야 한다.

시민 개개인은 국가의 폭력 앞에 무기력할 수밖에 없다. 그러나 힘을 뭉쳐 함께 촛불을 들면 국가 권력에 대항할 수 있다. 촛불 하나하나는 무기력하나 그것이 열이 되면 단체를 변화시키고, 백이 되면 마을을 변화시키며, 천이 되면 도시를 변화시킨다. 백만의 촛불은 나라를 변화시킨다. 미국의 양심을 대표하며 실천하는 지성인 하워드 진(Howard Zinn)은 "인류가 저지른 가장 참혹한 사건들은 불복종이 아니라 복종에 의해 일어났다. 반면 인류가 이룬 가장 위대한 해방은 복종이 아니라 불복종에 의해 일어났음을 많이 볼 수 있다"고 말했다. 불복종이 힘을 가지려면 먼저 합쳐야 한다.

제국주의 속성을 지닌 강대국의 경제적, 문화적, 정치적 침탈에 작은 나라가 각각 대응하기는 역부족이다. 유럽이 통합하여 한 목소리를 내고, 중동아시아가 연합하여 한 목소리를 내고, 남아메리카가 통합되어 한 목소리를 내고, 아프리카의 모든 국가가 또한 한 목소리를 낸다면 힘이 약한 작은 나라라고 강대국의 침략에 무조건 당하지는 않을 것이다.

힘과 권력이 있는 자의 횡포에 약자들이 맞설 수 있는 것은 약한 자들이 연합하는 것이다. 이것은 기업 내에서도 마찬가지이고 자본주의 경제를 구성하는 자본가와 노동자 관계에서도 마찬가지이다. 그래서 노동조합은 민주사회에서 반드시 존재해야 한다. 하지만 자신의 이익만을 위해 힘과 권력이 있는 자에게 빌붙어 살려 하는 자들이 항상 있어 단결을 무산시킨다. 이래저래 힘이 없는 자들이 인간답게 살기 힘든 것은 해고를 자유롭게 하는 것에 있지만 사용자가 원하는 것을 관철시키도록 무관심하거나 방관하고 있는 비슷한 처지의 다른 사람들 때문이기도 하다.

노동조합이 무력화되면 당장 해고가 자유로워진다. 이로 인해서 상품가치는 경쟁력을 가져 기업의 가치를 높여주고 기업에 투자한 주주들의 이익을 극대화한다. 한편 노동자들은 무한 경쟁에 휘말리고 인건비는 줄어들어 소득이 줄게 된다. 결국 신자유주의는 부익부빈익빈을 가속화하여 사회의 중산층을 줄어들게 한다. 그리고 이는 빈부의 양극화 현상을 만든다. 우리나라도 싫으나 좋으나 미국을 비롯해 유럽이나 중국 등과 이미 자유무역협정(FTA)을 체결했거나 또는 하고 있다. 넓은 시장을 가졌다고 좋아할 수도 있겠지만 그만큼 강력한 힘을 가진 다국적 기업이 침투할 수 있다. 이제는 민중을 절대적으로 위하는 정부가 들어서지 않는 한 힘없는 노동자들은 더 이상 기댈 곳이 없어진 것이다. 하워드 진은 말한다. "분노한 민중이 풍요로운 사회에서 살기를 원하고 다함께 행동할 때 새롭고 억누를 수 없는 힘이 생겨난다."고.

02 독점 행위의 불편한 진실

$$f'(x) = \lim_{h \to 0} \frac{f(x+h) - f(x)}{h}$$

수학자들은 주어진 조건 아래에서 최댓값이나 최솟값을 구하는 문제를 일반적으로 해결하려고 한다. 이러한 문제를 해결하는 데 가장 효율적이라고 알려진 것이 미분적분학이다. 미분적분학은 17세기 말 영국의 뉴턴(I. Newton, 1642~1727)과 독일의 라이프니츠(G. Leibniz, 1646~1716)에 의해 독립적으로 발견됐다. 미분적분학에서 가장 기본이 되는 것은 미분이다. 글자 그대로 미분은 잘게 쪼개는 것이다. 미분을 이해하기 위해 자전거를 타고 언덕을 올라가 보자.

자전거를 타고 언덕을 오르면 경사가 급할수록 올라가기가 힘들어진다. 마침내 고개 마루에 도착하여 흘러내린 땀을 닦으며 내려 달릴 기분에 젖는다. 경사가 완만한 곳을 내려갈 때는 브레이크를 잡지 않아도 안전하게 내려갈 수 있으나 경사가 급한 곳은 브레이크를 잡지 않으면 속도가 너무 빨라 큰 사고가 날 수 있다.

경사가 급하다거나 완만하다는 것이 무슨 뜻인가? 앞에 오르막이 있다. 자리에 가만히 서서 고개를 들거나 숙이지 않고 똑바로 앞으로 보았을 때 멀리까지 보이면 경사가 완만한 것이고 가까운 곳이 보이면 경사가 급한 것이다. 다시 말하면 고갯마루를 보기 위해 고개를 쳐들어야만 한다면 높이 쳐들수록 경사는 급하다고 할 수 있다.

[그림 1] 경사가 완만할수록 멀리 볼 수 있다.

두 지점 간의 경사는 두 지점 사이의 수평적 길이와 수직적 길이의 비로 생각할 수 있다. 그러므로 경사가 더 급하다는 것은 수평적 길이가 같을 때 수직적 길이가 더 긴 것이다. 즉, 일정하게 수평으로 간 거리에서 수직으로 올라간 거리가 크면 클수록 그 언덕은 경사가 급해 올라가기가 힘들고 시간이 많이 걸리나, 반대로 내려갈 때는 쉽고 빠른 시간에 내려갈 수 있다. 하지만 잘못하면 넘어져 크게 다칠 수도 있다.

결론적으로 두 지점 간의 수평적 거리를 x, 수직적 거리를 y라고 하면 경사도 또는 기울기는 두 거리 간의 비인 $\frac{y}{x}$이다. 그런데 문제가 있다. 같은 언덕일지라도 키가 큰 사람이 느끼는 경사도와 작은 사람이 느끼는 경사도가 엄밀하게 말하면 다를 수 있다는 것이다. 즉 키가 큰 사람은 조금 덜 급하게 느끼고 작은 사람은 조금 더 급하게 느낄 것이다. 그렇다고 키 큰 사람이 더 쉽게 언덕을 오르는 것은 아니다. 왜냐하면 실제 언덕의 기울기는 누가 보든지 같기 때문이다. 두 지점 간의 거리를 눈의 위치에서 보지 말고 발에서부터 생각하면 언덕의 기울기는 모두 같게 느껴진다.

또 다른 문제는 똑같은 언덕이라도 언덕이 반듯하게 똑바로 올라가지 않는 한 올라가면서 급한 곳도 있고 완만한 곳도 있는 것이다. 그래서 언덕 아래와 언덕 위 두 지점간의 기울기보다 자기가 서 있는 곳에서의 기울기를 생각해 볼 수 있다. 이 기울기는 자신이 있는 곳을 중심으로 수평적 거리가 점점 작아질 때 그것에 대응하는 수직적 거리의 비가 가까이 가는 값이다.

이것을 그 지점에서 언덕의 기울기라고 하며 이 기울기의 값을 그 지점에서 언덕길의 미분이라고 한다. 다시 말하면 미분이란 그 점에서의 변화율을 뜻하는 것이다.

최솟값과 최댓값을 쉽게 구하는 미분

"농부가 밭에서 하루 종일 일하고 집으로 돌아가려고 한다. 집에 들어가기 전에 우선 몸에 묻은 흙먼지를 씻어내려고 밭과 집 사이에 있는 강에 들려 목욕을 하려 한다. 피곤한 농부는 많이 걷고 싶지 않다. 지금 있는 곳에서 강에 들려 집에 가는 거리를 가장 짧게 하려면 어느 지점에서 몸을 씻어야 할까?"

농부는 강가 아무 곳에서나 몸을 씻고 갈 수 있지만 어느 강가로 가느냐에 따라 집까지 가는 거리는 모두 다르다. 그는 가장 짧은 길을 원한다. 가장 짧은 길로 가는 강가의 위치를 찾기 위해 아래와 같이 평면 위에 단순하게 나타내보자.

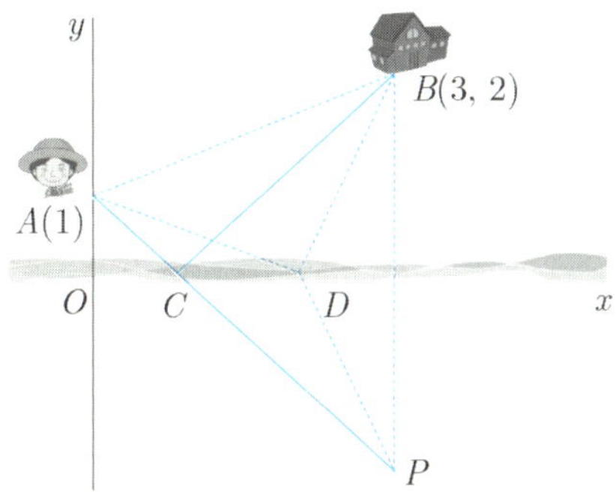

[그림 2] 농부(A)가 강가(C)에 들려 집(B)에 가는 가장 짧은 길

강은 x축, 강에서 농부가 있는 곳까지 수직으로 올린 축을 y축으로 하자. 농부의 위치를 A, 집의 위치를 B라고 하자. 계산을 편리하게 하기 위해 농부의 위치를 원점에서 1만큼 떨어진 지점, 집의 위치를 농부의 위치에서 수평으로 3만큼 떨어지고 강에서 수직으로 2만큼 떨어진 지점이라 하자.

강을 중심으로 집을 강 건너로 옮긴 지점을 P라고 하면 그 위치는 (3, -2)가 된다. 두 점 A와 P를 잇는 선분이 강과 마주치는 지점을 C라고 하자. 그러면 삼각형 BCP는 이등변삼각형이다. 그러므로 농부가 C를 거쳐 집이 있는 B까지 가는 거리는 A에서 P까지의 거리와 같다. 농부가 C 외의 지점 D를 거쳐 집에 간다고 하면 삼각형 ADP에서 그 길은 모두 A에서 P까지의 거리보다 길게 된다. 왜냐하면 삼각형에서 두 변의 길이의 합은 항상 다른 한 변의 길이보다 작기 때문이다. 따라서 C가 농부가 가서 몸을 씻을 곳 최적의 지점이다. 두 점 A(0, 1)와 P(3, −2)를 지나는 직선은 $y=-x+1$이고 C의 좌표는 $y=0$이므로 C의 지점은 1이 된다. 즉, 강을 바라보고 45도로 걸어가서 몸을 씻고 집을 향해 걸어가면 가장 짧은 거리가 된다. 위와 같이 최소의 거리를 구하는 문제는 미분이라는 개념을 사용하여 구할 수도 있다. 부록의 [수학 더 알아보기]에서 이를 설명한다.

이번엔 최대를 구하는 문제를 생각해 보자. 농부가 자기 농장에 둘레가 40m가 되는 직사각형 모양의 밭을 만들려고 한다. 가능한 그 면적이 최대가 되게 하려면 어떤 직사각형으로 만들어야 할까?

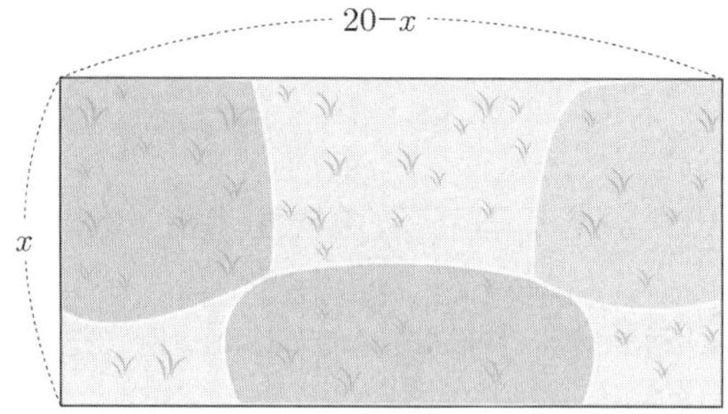

[그림 3] 같은 둘레에 최대면적은 어떤 모양?

한 변의 길이를 x라고 하면 둘레가 40m이므로 다른 한 변의 길이는 $20-x$이다. 따라서 그 땅의 면적은 $x(20-x)$이다. 이 문제는 $x(20-x)$가 가장 큰 값이 되는 x를 구하는 것과 같다. $y=x(20-x)$라고 하면 이 문제는 y가 최댓값이 되는 x를 찾는 것과 같다.

$y=-x^2+20x=-(x-10)^2+100$이므로 $x=10$일 때 최댓값은 100이다. 다시 말하면 밭의 면적 y는 $x=10$일 때 최대가 되어 밭은 정사각형으로 만들어야 최대의 면적을 갖는다.

미분을 이용하면 더 쉽게 구할 수 있다. y가 최댓값이 되는 x는 y를 x에 관해 미분한 $y'=-2x+20$이 0이 될 때이다. 따라서 $x=10$이 된다. 즉, 한 변의 길이를 10으로 하는 직사각형, 즉 정사각형을 만들면 면적은 100으로 최대가 된다. 참고로 둘레가 일정한 도형 중 가장 면적이 큰 도형은 원이다.

광고는 많이 할수록 좋을까?

현대는 광고의 사회라고 부를 정도로 광고가 흘러넘친다. 도시의 구석구석이 온갖 광고로 도배되어 있다. 보는 이의 감정은 생각하지 않고 눈이 닿는 모든 곳에서 광고를 볼 수 있게 했다. 편안함을 느꼈던 예전의 지하철이나 버스와 달리 요즈음의 지하철이나 버스를 타려면 눈을 감지 않는 한 광고에서 해방되기 어렵다. 광고! 물건의 정보를 아는 데 매우 필요하지만 너무 과장되어 부작용도 무척 많다. 그럼에도 광고는 줄지 않는다. 광고가 없으면 물건을 판매하기 어렵기 때문이다.

광고 중에 아마도 TV 광고가 가장 비쌀 것이다. 마치 텔레비전 방송사를 소유하면 큰 이익을 창출할 수 있을 것으로 보았는지 이명박 정부에서 무리를 해가며 종합편성채널이라는 텔레비전 방송사를 추가로 허가했다. 이른바 종편이라는 TV 방송이다. 기존의 신문 매체 언론사들을 중심으로 컨소시엄을 형성해 방송국을 세우고 방송을 송출했다. 그러나 예상과 달리 시청률이 거의 나오지 않아 엄청난 적자에 시달리고 있다고 한다.

어느 회사가 매일 고정된 시간에 일정한 시간 동안 TV 광고를 하여 한 달 동안 x분을 방송했다. 방송이 나간 후 매출을 분석해 보니 방송시간에 따른 판매이익은 $f(x)=2\sqrt{x}$ (억 원)의 그래프에 따른 모양을 보여주었다. 광고를 많이 할수록 이익은 늘어나는데 시간에 비례해서 늘어나지는 않았다. 즉, 25분을 광고하면 10억의 이익을 보는데 반해 4배인 100분을 광고하면 두 배인 20억의 이익을 본다는 것이다. 현재 이 회사는 매달 400분을 방송하여 40억 원의 이익을 보고 있다.

광고비가 1분에 600만 원이라는 적지 않은 지출로 현재 이 회사는 400분의 광고를 방영하여 비록 40억 원의 판매이익을 보았으나 24억 원의 광고비를 지출해 결과적으로 16억을 벌었다. 이 회사의 경영진은 이 광고를 계속하는 것이 이익을 창출하는 데 도움이 되는지 고민하고 있다.

시간에 따른 판매이익율은 늘어난 판매이익을 늘어난 광고시간으로 나눈 것이다. 즉, 비율 또는 변화량이다. 그러므로 어느 시점에 광고시간에 따른 판매이익율은 그 시점에서 판매이익 함수의 미분값으로 볼 수 있다. 따라서 400분의 광고를 낸 시점에서 시간에 따른 판매이익의 비율은 도함수 $f'(x)=\dfrac{1}{\sqrt{x}}$ 에 $x=400$를

대입한 값으로 $\frac{1}{20}$이다. 즉, $x=400$ 근방에서 분당 이익은 약 $\frac{1}{20}$억 원으로 500만 원 정도라는 것이다. 즉, 광고를 1분 정도 더 하면 500만 원 정도의 판매 이익을 창출할 수 있다는 것이다. 그러나 광고비용은 600만 원이 더 든다. 그러므로 광고를 더 하면 100만 원의 손해를 본다는 의미가 된다.

광고비가 따로 들지 않는다면 광고를 많이 할수록 매출이 높아져 판매이익이 늘어난다. 그러나 광고비가 든다면 광고비는 시간에 비례하여 늘어나지만 매출은 그만큼 시간에 비례하여 늘어나지 않으므로 적당하게 광고를 해야 판매이익을 최대로 올릴 수 있다.

맥주 거품은 왜 사라지거나 터질까?

2012년 말에 생맥주에 대한 기사가 하나 나왔다. 호프집에서 마시는 생맥주가 주문하는 양보다 최대 23%나 항상 적게 나온다는 것이다. 다시 말하면 500cc를 주문하면 그 양이 435cc 정도만 나온다는 것이다. 병맥주나 캔맥주와 달리 잔에 담아 내오는 생맥주는 그 양을 확인할 길이 없다. 잔의 용량에 따라 주문할 뿐이고 잔의 용량만큼 그렇게 나오는 줄 알고 있었다. 그런데 이잔 조차도 정확하지 않다는 것이다. 생맥주를 담는 용기는 보통 500cc, 750cc, 1000cc, 2000cc, 3000cc 등이 있다. 소비자보호원이 용기의 용량을 측정했더니 가장 많이 사용하는 500cc의 잔은 그런 대로 용량이 정확했으나 2000cc나 3000cc는 용기 자체의 용량이 부족한 것으로 드러났다. 결국 불신으로 인해 이제는 생맥주도 용량이 표시된 잔이나 용기에 담아 마시게 될 것 같다.

맥주는 거품이 많다. 특히 생맥주는 위에 깔린 거품과 함께 마신다. 잔에 놓인 맥주 거품을 보면 뽀글뽀글 올라오면서 점점 커져 터지기도 하고, 어떤 작은 거품알갱이는 점점 작아져 사라지기도 한다. 마시지 않고 가만 놔두면 거품이 모두 사라져 그야말로 김빠진 맥주가 된다. 왜 큰 거품은 점점 커져 터지고, 작은 거품은 점점 작아져 사라질까?

맥주에 거품이 나는 것은 맥주를 담은 용기에 이산화탄소가 들어 있기 때문이다. 이산화탄소는 액체 상태보다 기체 상태로 있는 것이 훨씬 더 안정적이다. 그래서 이산화탄소가 과포화 상태로 용기에 담겨 있는 탄산음료는 뚜껑이 열리면 이산화탄소가 거품과 함께 나온다. 거품과 액체 사이에는 표면장력이 작용하고 거품이 갖고 있는 에너지는 거품의 부피가 커질수록 작아지고 거품의 겉넓이가 클수록 비례하여 커진다고 한다. 한편 거품알갱이는 되도록 작은 에너지를 가지려고 한다는 것이다.

반지름이 r인 공의 부피는 $\frac{4}{3}\pi r^3$이고 표면적은 $4\pi r^2$이다. 거품이 갖고 있는 에너지는 거품의 부피가 커질수록 작아지고 거품의 겉넓이가 클수록 비례하여 커지므로 거품이 갖는 에너지는 $E(r)=-a\left(\frac{4}{3}\pi r^3\right)+b(4\pi r^2)$와 같이 나타낼 수 있다. 여기서 a, b는 적당한 양수이다.

설명하기 편하게 계수를 모두 지우고 $E(r)=-r^3+3r^2$라고 하자. 이 함수를 미분하면 다음과 같다.

$$E'(r)=-3r^2+6r=-3r(r-2)$$

따라서 $r=0$와 2에서 거품이 갖는 에너지를 미분한 값이 0이 된다. $r=0$이란 의미는 이미 거품이 아니므로 $r=2$에서 최댓값을 갖는다. 따라서 이 거품은 $r=2$에서 최대의 에너지를 가진다.

거품알갱이는 되도록 작은 에너지를 가지려는 경향이 있기 때문에 반지름이 2보다 작은 알갱이는 더 커지지 않고 점점 작아져(크기가 0으로 가고) 사라진다. 2보다 큰 거품알갱이는 에너지가 더 작아지려면 반지름이 2보다 더 커져야 하므

로 거품이 점점 커져 수면으로 올라가 터지게 되는 것이다. 그래서 잔에 놓인 맥주 거품은 뽀글뽀글 올라오면서 점점 커져 터지기도 하고, 작은 거품알갱이는 점점 작아져 사라지는 것이다.

상거래에 있어 독점 행위는 왜 근절되어야 하는가?

우리의 주식은 쌀이다. 만일 쌀을 한 기업이 독점하여 공급한다면 어떤 일이 벌어질까? 우리가 매일 마시고 쓰는 상수도를 한 기업이 독점하여 공급한다면 우리는 행복할 수 있을까? 어둠을 밝히고 거의 모든 곳에 동력을 제공하는 전기를 한 기업이 소유한다면 무슨 일이 벌어질까?

모든 논에서 나온 벼를 수매할 수 있는 권한이 한 기업에만 있는데 덩달아 쌀을 수입할 수도 없다고 해보자. 창고에 쌀이 가득 쌓여 있어도 당연히 쌀 가격은 계속 오를 것이고, 가난한 서민들은 굶게 되어 수많은 아사자가 생길 것이다. 이른바 풍요 속의 빈곤이 생긴다.

우리나라에서 물의 공급과 전기의 공급은 아직 국가의 통제 아래 있다. 그 뜻은 함부로 가격을 올리지 못한다는 것이다. 하지만 신자유주의를 부르짖는 기업인이나 이를 맹종하는 정치인들은 이것들을 민영화하려 한다. 국가의 통제가 아니라 자본의 통제 아래 두고 싶어 하는 것이다. 그 이유는 단 하나, 이윤을 극대로 창출할 수 있기 때문이다. 누구도 물을 떠나서는 살 수 없고, 전기를 사용하지 않을 수 없다. 기업은 그 특징이 이윤을 창출하는 것이기 때문에 이윤이 많이 생기는 곳으로 기업 경영을 할 수밖에 없다. 그로 인해 소비자는 비싼 요금을 내야 하며 가난한 사람은 물과 전기를 공급받지 못하게 된다.

독점으로 인해 생기는 이윤은 대부분 주주인 자본가에게 간다. 서민의 삶은 갈수록 피폐해지고 자본가는 갈수록 풍요로워진다. 대부분의 곳간은 비어 있고 일부 곳간만 엄청나게 커져 사회가 양극화된다. 이렇게 되면 사회 구성원이 함께 더불어 살 수 없고 사회적 혼란이 일어날 것이다.

물건을 교환하는 시장에는 공급자와 수요자가 있다. 시장에 물건을 공급하는 공급자가 매우 많아서 개별공급자의 행위가 시장의 가격에 거의 영향을 미치지 못할 때 그 시장을 완전경쟁시장이라 한다. 즉, 한 공급자가 아무리 공급량을 조절하더라도 그 영향이 매우 미미해 가격에 전혀 영향을 주지 않는 시장을 말한다. 이와 같은 완전경쟁시장에는 무수히 많은 공급자와 수요자가 존재하며, 공급자들은 모두 같은 물건을 공급한다. 또한 기업의 전입과 전출이 매우 자유로워 수요와 공급이 일치하는 곳에서 가격이 결정된다. 수요가 많거나 공급이 적으면 가격이 올라가고 반대로 수요가 적거나 공급이 많으면 가격이 떨어지게 된다. 물건 한 단위를 추가로 판매할 때 추가되는 수입(한계수입)은 시장에서 결정된 가격과 같다. 따라서 총수입은 '가격×판매량'이고 개당 평균수입은 '총수입/판매량'으로 바로 시장가격이다.

독점적경쟁시장이란 시장 내에 여러 공급자가 서로 다른 제품을 생산하고 있는 시장을 말한다. 이러한 시장에서 한 물건을 독점하여 생산하고 있는 기업이 생산량을 늘리면 현재의 가격보다 가격을 낮추어야 한다. 그러면 이미 판매된 물건의 가격도 함께 낮추어야 하므로 한계수입은 기존 가격보다 항상 낮아진다. 그러므로 독점기업은 생산량을 줄이게 되고 결과적으로 완전경쟁시장보다 가격이 높아진다. 그 이유를 구체적으로 알아보자.

> $\frac{h(a)-h(x)}{a-x}$는 x와 a가 아주 가까우면 $h'(a)$와 비슷하다.

물건을 x개 만들어 모두 팔 수 있는 개당 시장가격을 $p(x)$라고 하자. 가격이 $p(x)$ 원이면 x개 모두 팔린다. 공급 x를 늘리면 가격 $p(x)$가 떨어지므로 $p(x)$는 감소함수이다. 따라서 $p'(x)<0$가 된다. x개를 모두 판매한 수입은 $h(x)=xp(x)$이고 x개에서 a개로 추가 생산하여 판매하고 얻은 개당 수입은 $h(a)$에서 $h(x)$를 뺀 수입에서 늘어난 양 $a-x$로 나누면 된다. 이 수입은 $x=a$에서 $h(x)$를 미분한 값과 거의 비슷하다. 즉,

$$\frac{h(a)-h(x)}{a-x} \approx h'(a)$$

이다. $h(x)=xp(x)$를 미분하고 $x=a$를 대입하면 $h'(a)=ap'(a)+p(a)$이다. $p'(a)<0$이므로 $h'(a)<p(a)$이다. 즉, 추가 생산하여 판매하고 얻은 개당 수입 $h'(a)$이 시장가격 $p(a)$보다 싸진다.

생산량이 증가하면 가격이 떨어지므로 가격인하분 $p'(a)$가 전체생산량 a에 곱해져 가격인하가 모든 생산 상품에 영향을 미치게 된다. 그 손해가 $ap'(a)$이다. 이것을 고려하기 때문에 독점을 하는 경우, 한 개의 제품을 더 만드는 비용보다 시장가격이 작으면 생산을 중지한다. 그러므로 가격이 부당하게 상승한다. 이런 이유로 대부분의 나라에서는 법률로 독점을 금지하는 것이다.

03

미래를 예측하는 수학

$$\frac{dp}{dt} = kp$$

인구가 늘어나고, 특히 도시에 인구가 밀집하면서 인구 예측은 대단히 큰 사회적 관심사가 되었다. 인구 증가 및 감소는 사회 전 분야에 영향을 미친다. 인구가 증가할 경우 가장 큰 문제는 먹을거리일 것이다. 인구 증가에 따라서 먹을거리도 증가해야 한다. 그렇지 않다면 심각한 사회문제가 생긴다. 그뿐 아니라 아동의 증가에 따른 학교의 증설도 필요하고 향후에 그들이 독립할 때를 대비해 주택도 증가해야 한다. 인구 증가로 인구 이동이 많아져 도로 건설도 필요하고 에너지 소비도 많아져 발전소 건설도 필요하다. 이러한 시설을 만들려면 자연환경의 파괴를 막을 수 없다. 그러다가 인구가 줄어들면 복구가 힘들 정도로 자연을 파괴해가며 만든 기존의 많은 시설은 거의 무용지물이 된다.

이미 18세기에 맬서스(T. Malthus, 1766~1834)는 이 문제를 강조하여 맬서스의 법칙을 발표했다. 이 법칙의 요지는 앞으로 인구는 급격히 증가하는 반면 먹을거리는 천천히 증가한다는 것이다. 그래서 심각한 사회문제가 발생하기 이전에 이를 막기 위해 산아제한을 해야 한다는 것이다. 그 결과 각 나라에서는 가족계획을 하여 저출산 정책을 수립했다. 우리나라도 예외는 아니었다. 경제개발계획

에 따라 강력한 가족계획이 시행되었다. 현재 우리나라 30대 이후에서 60대 이전의 세대는 이에 따른 국가의 산아제한 정책에 따라 출생되었다. 대부분의 집에서 아들 딸 가리지 않고 둘만 낳게 되었고 이것이 더 심해져 심지어 하나만 낳기 운동도 벌어졌다. 만일 아이를 그 이상 낳으면 차별과 피해를 감수해야 했다. 그 결과 비록 낙태가 불법이긴 하지만 사문화되어 무분별한 낙태가 암암리에 시행되었고, 이로 인해 수많은 생명이 사라졌다. 적절한 피임을 하지 않은 대부분의 많은 가정은 낙태의 경험을 갖게 되었다.

그러나 21세기에 들어오면서 과학의 발전에 따라 먹을거리도 인구 못지않게 증가·생산되어 맬서스의 이론대로 되지 않았다. 오히려 먹을거리의 부족이 아니라 양육비의 급격한 증가로 인해 출산이 감소하는 경우가 생겨났다. 우리나라도 인구 증가가 너무 둔화되어 사회에 심각한 영향을 끼치기 시작했다. 이대로 가면 인구가 늘기는커녕 오히려 줄어들 것이다. 계속 이런 현상이 이어지면 노령인구는 증가하고 젊은이들은 줄어든다. 세금은 충분히 걷히지 않아 노인을 포함한 사회복지에 심각한 영향을 줄 것이다. 남아도는 부동산으로 거의 모든 부동산은 폭락할 것이며 연금수혜자도 큰 타격을 입을 것이다.

인구의 변화와 맬서스의 법칙

시간에 따라 개체의 수는 달라지고 동일한 시간에 서로 다른 개체수가 생길 수는 없다. 이러한 현상을 수학에서는 함수라고 한다. 시간에 따른 개체수의 변화는 함수다. 기호를 사용하여 시간에 따른 한 개체의 수를 $p(t)$라고 하자. 일반적으로 개체수가 많으면 출생하는 비율도 늘어난다. 개체수가 늘어나는 비율이란 앞 장에서 설명했듯이 개체수를 시간에 대해 미분한 것으로 $\frac{dp}{dt}$라 표현한다. 개체수가 늘어나는 비율이 현재의 개체수에 비례하므로 다음과 같은 수식이 성립한다.

$$\frac{dp}{dt} = k_1 p$$

여기서 출생률 k_1은 양수이다. 처음에 있는 개체수를 p_0라고 하면 이 문제의 수학적 모델은 다음과 같다.

$$\frac{dp}{dt} = k_1 p, \; p(0) = p_0$$

사람의 경우, 오직 자연사만 인정한다면 사망률 k_2 역시 현재 인구에 비례한다. 사망은 인구를 감소하게 하므로 인구의 증가율은 출생률에서 사망률을 뺀

$$\frac{dp}{dt} = k_1 p - k_2 p = (k_1 - k_2)p$$

이다. $k = k_1 - k_2$라 하면 이 방정식은 다음과 같이 간단히 표시된다.

$$\frac{dp}{dt} = kp, \; p(0) = p_0$$

여기서 k가 음수이면 늘어나는 비율이 음수가 되어 개체수는 감소하고, 0이면 변화가 없고 양수이면 증가한다. 이 방정식의 해는 다음과 같다.

$$p(t) = p_0 e^{kt}$$

" $\frac{dp}{dt} = kp, \; p(0) = p_0$을 만족하는 해는

$p(t) = p_0 e^{kt}$ 이다. "

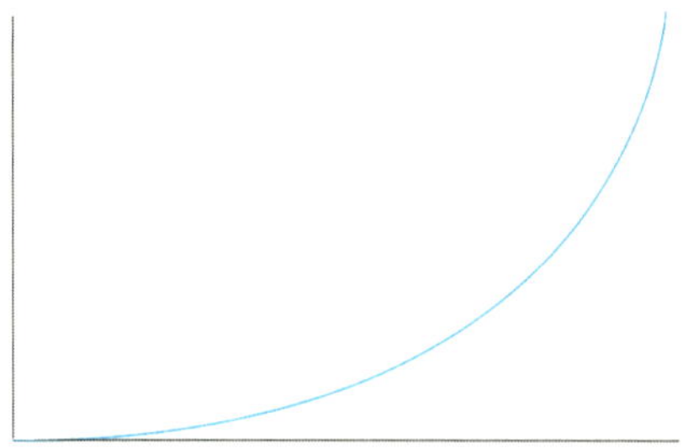

[그림 1] $k>0$인 경우, $p(t)=p_0e^{kt}$의 그래프

이것을 인구 증가에 있어 맬서스의 법칙이라고 한다. $k>0$이면 시간(t)이 지남에 따라 개체수는 기하급수적으로 빨리 증가하고 $k<0$이면 줄어듦을 알 수 있다.

인구 변화를 나타내는 방정식은 방사성 원소가 붕괴되는 현상을 파악하는 일에도 사용된다. 방사성 원소는 그 양이 반으로 줄어드는 기간이 일정한데 이것을 반감기라고 한다. 반감기는 방사성 원소마다 그 기간이 다르다. 방사성 원소의 반감기는 그 크기에 관계없이 항상 일정하므로 방사성 원소가 붕괴되는 비율은 현재의 양에 비례한다. 따라서 현재의 양을 $y(0)=y_0$라 하면 수학적 모델은 다음과 같다.

$$\frac{dy}{dt}=ky, \ y(0)=y_0$$

방사성의 양은 시간에 따라 줄어들므로 여기서 $k<0$이다. 방사성 원소의 양을 나타내는 이 방정식의 해는 개체수의 변화와 마찬가지로 $y(t)=y_0e^{kt}$가 된다.

예를 들어 보자. 이집트의 한 피라미드를 발굴해 보니 오래된 관이 나왔고 그 안에 미라가 누워 있었다. 고고학자들의 주된 관심사는 이 미라가 누구인지 밝히는 것일 것이다. 그러기 위해서는 언제 묻혔는지 알아내야 한다. 여기에 쓰이는 과학적인 방법이 탄소연대측정법이다. 정밀한 실험을 통해서 과학자들은 이 관에서 방사선 원소 카본-14가 63%가 남아 있는 것으로 확인되었다고 하자. 카본-14는 반감기가 5730년으로 알려져 있다. 이 단순한 정보로 과학자들은 이 관이 언제 묻혔는지 이 방정식을 이용하여 추정할 수 있다.

관이 묻힐 당시의 카본-14의 양을 1이라 하고 현재 남아 있는 양이 63%임을 이용하여 방정식의 해를 구하면 약 3819년 전에 이 관이 묻혔다는 것을 알 수 있다. 이유가 궁금하거든 [수학 더 알아보기]를 보면 된다. 이에 따라 역사의 기록을 분석하여 이 관에 묻힌 시신이 누군지 알 수 있는 것이다.

인구의 변화와 베르훌스트의 법칙

맬서스의 법칙을 나오게 한 방정식은 너무 많은 조건을 무시했다. 인구가 증가하는 요인은 출생 하나로 볼 수 있지만 인구가 감소하는 요인인 사망은 그 종류가 너무도 많다. 그러나 맬서스의 법칙은 인구가 감소하는 요인으로 오직 자연사만 인정했다. 이에 조건을 하나 더 추가해보자. 사람이 사회생활을 하면서 오는 경쟁관계에 의해 사망하는 경우이다. 둘만 있다고 가정하면 둘 사이에 오는 관계는 너와 나 하나뿐이다. 셋이 있으면 셋 중 둘이 경쟁하는 관계는 세 가지가 있다. 현재의 개체수를 p라고 하면 각각의 두 개체 사이의 경쟁관계는 $\frac{p(p-1)}{2}$개가 있다. 이러한 경쟁관계에 비례하여 사망하는 경우도 많아지므로 다음 조건이 감소 요인으로 추가된다.

$$k_3\frac{p(p-1)}{2}$$

이 조건을 추가하면 방정식은 다음과 같이 변한다.

$$\frac{dp}{dt} = kp - k_3 \frac{p(p-1)}{2}, \ p(0) = p_0$$

$kp - k_3 \frac{p(p-1)}{2} = p\left(k + \frac{k_3}{2} - \frac{k_3}{2}p\right)$이므로 $a = k + \frac{k_3}{2}$ 그리고 $b = \frac{k_3}{2}$라고 하면 이 방정식은 다음과 같이 단순하게 표현할 수 있다.

$$\frac{dp}{dt} = p(a - bp), \ p(0) = p_0$$

이 방정식을 베르훌스트 모델이라 하며, 이 방정식을 만족하는 해는 다음과 같다.

$$p(t) = \frac{ap_0}{bp_0 + (a - bp_0)e^{-at}}$$

이다. 이 해를 로지스틱(logistic) 함수라 한다.

a는 양수이므로 시간 t가 점점 지날수록 e^{-at}는 매우 빠른 속도로 작아지며 $(a - bp_0)e^{-at}$는 0으로 가까이 간다. 그러므로 $p(t)$는 $\frac{a}{b}$에 가까이 간다. 따라서 개체수는 $\frac{a}{b}$를 넘을 수 없다. 이 수를 균형개체수라 한다. 다음 그림은 $\frac{a}{b}$가 초기의 수보다 클 때 개체수의 변화를 보여준다.

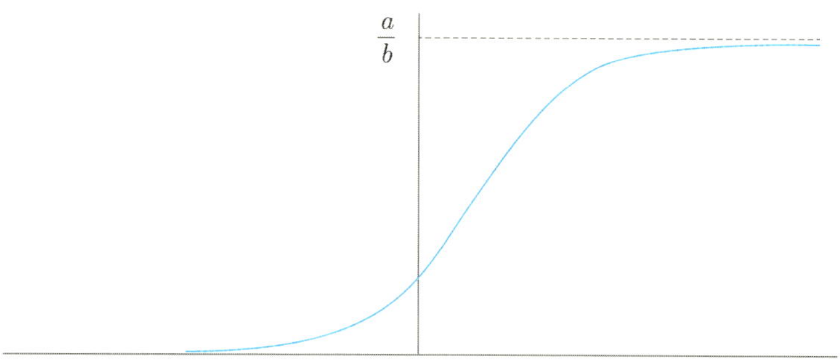

[그림 2] 베르훌스트의 모델로 본 개체 수(로지스틱 함수)의 증가

이 방정식은 1840년 베르훌스트(P. F. Verhulst)에 의해 처음으로 개발되었다. 좀 더 정확한 개체수의 모델을 구하려면 전쟁, 이민, 기술변화 그리고 다양한 나이대의 암컷의 수를 고려해야 한다. 특히 새끼를 가질 수 있는 암컷의 수는 매우 중요한 요소가 된다.

맬서스와 베르훌스트의 법칙에 따른 인구 증가 예측

인구 증가 예측에 있어서 맬서스와 베르훌스트의 법칙이 얼마나 잘 맞는지 살펴보자. 다음 표는 통계청 자료로 1960년부터 2030년까지 5년 단위로 조사한 우리나라 인구와 그 예상치이다.

[표 1] 통계청 자료에 의한 인구 예상치

연도	인구(만명)
1960	2501
1965	2870
1970	3224
1975	3528
1980	3812
1985	4080
1990	4286
1995	4509
2000	4700
2005	4829
2010	4921
2015	4980
2020	4995
2025	4983
2030	4932

[표 1]에 의하면 1960년 우리나라의 인구는 2501만 명이고 1970년에는 3224만 명, 1980년은 3812만 명이었다. 이 자료에 근거하여 맬서스의 모델과 베르훌스트의 모델을 이용한 인구를 예측해보자.

맬서스의 모델에는 두 개의 조건이 필요하다. 그러므로 초기치 $p(0)=2501$과 20년 후 인구 $p(20)=3812$를 기준으로 맬서스의 모델을 적용해 보자. 그러면 상수 $k=0.021073$이 된다. 따라서 $p(t)=2501e^{0.021073t}$로 인구는 한없이 늘어난다.

베르훌스트의 모델은 세 개의 조건이 필요하다. 그러므로 초기치 $p(0)=2501$과 10년 후 $p(10)=3224$, 그리고 20년 후 인구 $p(20)=3812$를 기준으로 베르훌스트의 모델을 적용해 보자. 그러면 $a=0.06281456$, $b=0.00001304$를 얻어

$$p(t)=\frac{157.09921}{0.03261304+0.03020152e^{-0.06281456t}}$$

[표 2] 실제 인구와 맬서스, 베르훌스트 모델의 추측 비교

(단위 : 만 명)

연도	통계청	맬서스	베르훌스트
1960	2501	2501	2501
1965	2870	2779	2873
1970	3224	3088	3224
1975	3528	3431	3540
1980	3812	3812	3812
1985	4080	4236	4039
1990	4286	4706	4223
1995	4509	5229	4368
2000	4700	5810	4481
2005	4829	6456	4567
2010	4921	7173	4632
2015	4980	7970	4680
2020	4995	8856	4716
2025	4983	9840	4743
2030	4932	1,0933	4763

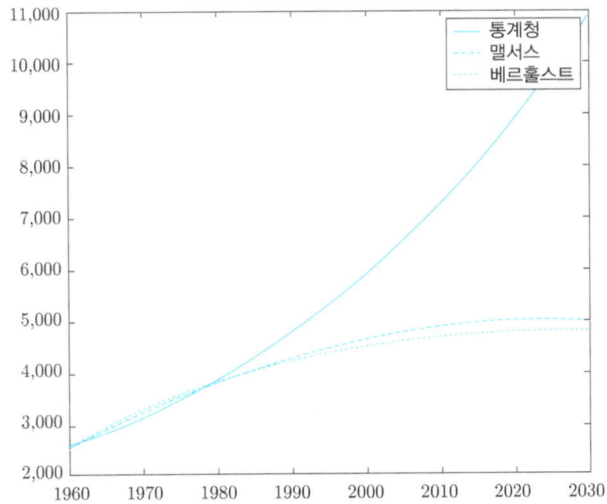

[그림 3] 인구 예상치의 비교

이 되고 인구는 $\frac{a}{b} = 4817$로 점점 증가한다. 따라서 인구는 궁극적으로 4817만 명이 된다.

맬서스의 모델과 베르훌스트의 모델의 해를 이용하여 구한 인구 예상치는 [표 2]와 같고 그래프는 [그림 3]과 같다. 맬서스의 모델보다는 베르훌스트의 모델이 훨씬 통계청 자료에 잘 맞는다는 것을 알 수 있다. 만일 통계청이 맬서스의 이론에 근거해 인구를 예상한다면 우리 사회는 파국으로 갈 것이다.

2012년 대통령 선거 부정 시비와 로지스틱 함수

2012년 대통령 선거는 선거 역사상 유일하게 두 진영을 대표하는 두 후보 사이의 대결이 되었다. 그래서 단 한 번도 50% 이상의 지지를 받아 대통령에 당선된 경험이 없는 우리나라 투표 역사상 처음으로 50% 이상의 지지를 얻은 대통령이 나왔다.

그런데 과학적인 분석을 통해서 부정선거 논란이 조용히 거론되었다. 세계 경제대국에 속하고 민주화의 고된 훈련을 경험하며 획득한 21세기 대한민국에서 부정선거라니? 하긴 해방 이후 우리나라 선거 역사를 보면 거의 대부분이 부정선거였다. 부정 시비 없이 선거한 일은 오래되지 않았다. 그러면 이러한 부정선거 논란이 나온 것은 왜일까? 그것은 시간대별 누적하여 획득한 후보자별 지지 그래프가 인구 증가를 예측하는 데 필요한 로지스틱 함수와 매우 비슷하게 나왔기 때문이다.

일반적인 로지스틱 함수의 그래프인 [그림 2]와 SBS에서 발표한 [그림 4]를

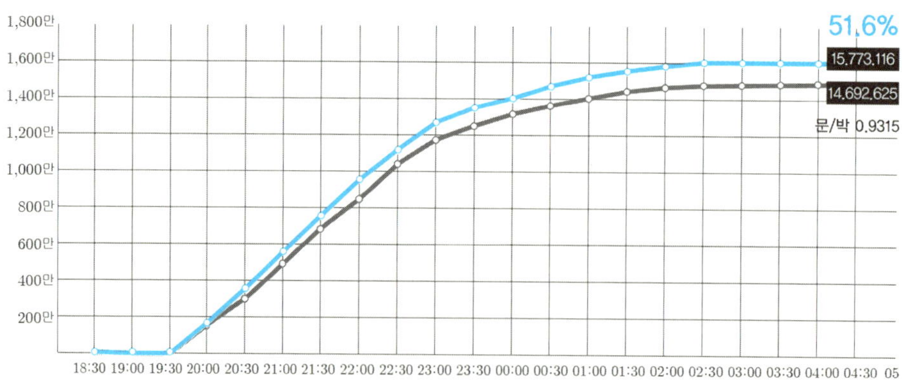

[그림 4] SBS가 방송한 대선 시간별 누적된 투표수 그래프

비교하면 분명 매우 닮았다.

그래서 다음(Daum) 아고라에 글을 올린 어떤 네티즌 김씨는 다음과 같이 의심을 했다.

"만약 누군가가 전형적인 로지스틱 함수를 이용하여 시간대별 득표수를 미리 설계했다면, 그리고 그 설계에 따라서 득표수를 시간대별로 미리 계산해 놓고, 개표현장에서 컴퓨터에 입력되어 올라오는 득표 수치를 중간에 집계하는 프로그램 과정에서 개입하여 미리 계산해 놓은 득표수로 치환해 버린다면 시간대별로 종합적으로 나타나는 득표수는 실제 개표현장에서 집계해서 올려 보낸 개표수와는 전혀 다른, 사전에 치밀하게 설계하여 미리 산출해 놓은 득표수가 될 수도 있다. 그리고 언론에는 이 득표수를 제공해 주면 국민들은 개표소 현장에서 실제로 개표한 득표수는 전혀 모르고 오직 미리 설계해서 중간에 집계 프로그램 과정에서 바꿔치기 된 가상의 득표수만을 보게 되는 것이다."

놀라운 상상력이다. 맞다. 분명히 가능하다. 부정선거를 하려고만 들면 집권여당의 이점을 살려 충분히 할 수 있다. 그러나 개표를 모두 완료하고 그 수치를 다시 확인하면 분명히 거짓된 수치는 밝혀진다. 개표된 투표용지까지 조작할 수 있을 정도로 우리나라 선거문화가 낙후되어 있을까?

네티즌 김씨가 사용한 로지스틱 함수는 $p(t)=\dfrac{kp_0e^{at}}{k+p_0(e^{at}-1)}$, $k=\dfrac{a}{b}$이다. 이 함수는 인구증가를 예측하는 베르훌스트 모델 $\dfrac{dp}{dt}=p(a-bp)$, $p(0)=p_0$을 만족하는 해이다. 로지스틱 함수에 $k=\dfrac{a}{b}$를 대입하여 정리하면 다음과 같은 함수가 된다.

$$p(t)=\frac{ap_0}{bp_0+(a-bp_0)e^{-at}}$$

이 함수는 t가 점점 커질수록 $\frac{a}{b}$에 가까이 간다. 따라서 $a=b=1$로 두면 이 함수는 0보다 크고 1보다 작으며 t가 커질수록 1에 가까이 간다. 0보다 크고 1보다 작은 p_0를 대입하면 다양한 로지스틱 함수를 그릴 수 있다. 아래 [그림 5]는 $p_0=0.0001$인 경우의 그래프이다. p_0가 0.0001보다 크면 그래프가 왼쪽으로 치우치고 작으면 오른쪽으로 치우친다.

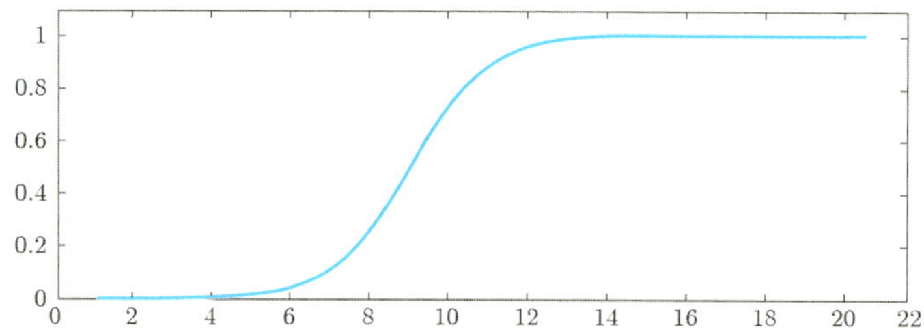

[그림 5] $p_0=0.0001$인 경우 로지스틱 함수의 그래프

다음 아고라에 반박문을 올린 또 다른 네티즌 박씨에 의하면 네티즌 김씨가 제시한 시간대별 로지스틱 함수 $p(t)$의 값은 다음과 같이 구해졌다. 시간대(t)별로 박근혜 후보를 지지한 투표수를 박근혜 후보를 지지한 전체 투표의 수로 나눈 값을 $f(t)$라 하자. 이 값은 시간대별 득표수와 전체 득표수가 이미 나왔기 때문에 매우 쉽게 구할 수 있다. 이 $f(t)$를 로지스틱 함수의 k에 대입해서 얻은 값이 네티즌 김씨가 제시한 시간대별 로지스틱 함수 $p(t)$의 값이다. 여기서 $p_0=0.00016$을 사용했다.

$$p(t)=\frac{f(t)p_0e^t}{f(t)+p_0(e^t-1)},\ t=1,\ 2,\ \cdots,\ 21$$

따라서 네티즌 김씨가 미리 산출했다고 가정한 그 자료 $p(t)$를 넣으면 당연히 박근혜 후보가 얻은 표 $f(t)$와 정확히 일치할 수밖에 없다.

따라서 부정선거를 기획한 자가 약 2%의 차이로 이기게끔 조작했다면 네티즌 김씨가 산출한 그 자료를 미리 만들어 실행하여 박근혜 후보가 얻은 투표수가 나오고 같은 방법으로 문재인 후보가 얻은 투표수도 얻을 수 있다.

그러나 다시 생각해 보자. 정말이지 부정선거를 기획했다고 가정해보자. 그러면 전국에서 올라오는 투표수를 집계하고 그것을 방송국에 보내는 과정에 집계한 수와는 관계없이 이미 조작된 자료를 전송해 주었다는 것이 된다. 그렇다면 수개표된 투표용지는 당선자 결정이 나기도 전에 사라져야 한다는 것인데 이것은 제도적으로 가능할 수 없다. 하지만 시간대별 투표수의 그래프가 우연히도 로지스틱 함수와 비슷하고 여기서부터 부정선거 가능성을 비친 네티즌 김씨의 생각은 참으로 놀라운 것이다. 따라서 그의 의심대로 개표가 완료된 투표용지의 수가 방송된 자료와 정확히 맞는지 확인하는 것은 필요하다.

부정선거를 끝까지 들키지 않게 잘 하는 것도 정권을 유지시키는 능력이다. 또한 부정선거의 의심이 간다면 제대로 확인하고 여론화하여 재선거를 하는 것도 정권을 장악하는 능력이다. 이승만은 대범한 부정선거를 감행하여 여러 번 대통령에 당선되었다. 또한 박정희도 대통령이 되기 위하여 부정선거를 하지 않은 적이 없다. 그들이 행한 부정선거는 들키지 않게 노력한 것이 아니라 들키는 것을 아예 염두에 두지 않고 저질렀다. 그 결과 이승만은 혁명의 타도 대상이 되어 하와이로 쫓겨났고, 박정희는 임기가 없는 종신 대통령의 자리에 있다가 결국 자신이 신뢰했던 중앙정보부장 김재규가 쏜 총에 맞아 죽은 것이다.

04
낭비를 막아주는 수

$$\sqrt{2}$$

과거 컴퓨터가 막 생활에 도입되어 실용화되던 시기에는 종이의 소비가 줄어들 것으로 예상했다. 그러나 화면 속의 글씨보다 종이 위에 인쇄된 글씨가 보기 편해 여전히 출력을 했고, 중요한 자료의 보관을 위해서 디지털 저장뿐 아니라 고전적인 인쇄물로 저장하는 습관도 아직 남아 있다. 특히 컴퓨터의 인쇄술 발전은 홍보물을 값싸게 남발하여 종이의 소비를 크게 줄이지 못했다. 종이를 소비하는 것은 나무를 벌목하는 것이나 다름없어 이런 식의 종이 낭비는 환경에 매우 나쁜 영향을 끼친다.

대부분의 나라에서는 같은 규격의 A와 B로 시작하는 종이를 컴퓨터나 또는 복사 용지로 사용한다. 이 중 A4는 일반적으로 가장 많이 사용하는 용지이다. 그러나 미국에서 가장 많이 사용하는 용지는 레터(letter)지라는 것으로 A4와 그 규격이 조금 다르다. 필자가 미국에서 유학하고 있을 때였다. 프린터로 출력하면 규격이 잘 안 맞았다. 컴퓨터 화면에서 보는 것하고 출력된 것하고 차이가 있는 것이다. 인쇄물을 출력하기 위해 프린터를 분명히 출력 용지인 A4에 맞춰 놓았다. 그런데 나오는 출력물을 보면 뭔가 한쪽으로 치우쳐 있었다. 그 이유를 전혀 몰라 프린터가 잘못된 것 같아 물어보아도 그들도 잘 몰랐다. 나중에 알게 되었는데 미국에서 주로 사용하는 종이는 우리처럼 A4가 아니고 레터지였다. A4 용지를 넣었어야 되는데 레터지를 넣어 출력 형태가 달라진 것이다. 미국은 세계인이 주로 사용하는 것을 잘 사용하지 않는다. 종이도 그렇지만 가장 큰 예가 계량에 사용되는 미터법(metric system)이다. 나라마다 계량이 다르면 지금처럼 국가 간의 자유로운 유통에서 얼마나 불편하겠는가? 그래서인지 전 세계는 공통으로 사용하는 계량을 미터법으로 정했다. 우리나라도 1963년에 미터법 외에는 쓰지 못하도록 법으로 정했다. 그러나 미국은 영국과 함께 과거부터 사용해오던 야드-파운드법(yard-pound system)을 고치지 않고 아직도 그대로 사용한다. 그래서 제조업체들을 포함한 많은 분야에서는 늘 두 가지 형태로 표시해야 하고, 두 나라를 방문하는 수많은 사람들도 불편함을 감수해야 한다.

국제적으로 사용되는 A와 B 종이에는 일정한 특징이 있다. 그것은 비록 크기가 다를지라도 모양이 같다는 것이다. 모양이 같다는 것은 닮은꼴로 적당한 비율로 축소하고 확대하면 서로 다른 규격의 종이로 출력할 수 있는 아주 좋은 점이 있다. 그것은 종이의 쓸데없는 낭비를 막아줄 수 있는 것이다. 컴퓨터와 복사기의 발달로 축소와 확대가 자유로워진 오늘날 꼭 필요한 일이다. 여기에 숨어 있는 수가 바로 무리수인 $\sqrt{2}$ 이다. 이 수의 크기는 밑변과 높이가 1인 직각삼각형의 빗변의 길이와 같다.

복사용지에 숨겨진 1.414

우리가 주로 사용하는 컴퓨터용지나 복사용지는 A4나 B4 또는 B5를 많이 사용한다. 그중 가장 많이 사용하는 A4의 긴 변의 길이와 짧은 변의 길이를 재고, 다시 긴 변의 중간을 중심으로 반으로 접은 후 나온 사각형의 긴 변의 길이와 짧은 변의 길이를 재면 [표 1]과 같다.

[표 1] 복사용지 A4의 긴 변의 길이 대 짧은 변의 길이의 비

	A4	한 번 접음	두 번 접음
긴 변의 길이	297	210	148.5
짧은 변의 길이	210	148.5	105
긴 변/짧은 변	1.414	1.414	1.414

한편 복사용지가 아닌 한 종이의 길이를 복사용지와 같은 방법으로 재었더니 [표 2]와 같았다.

[표 2] 한 종이의 긴 변의 길이 대 짧은 변의 길이의 비

	종이	한 번 접음	두 번 접음
긴 변의 길이	320	200	160
짧은 변의 길이	200	160	100
긴 변/짧은 변	1.6	1.25	1.6

종이를 반으로 거듭 접었을 때 나오는 가로와 세로의 비가 복사용지는 항상 같으나 일반용지는 다른 두 비가 교대로 나옴을 알 수 있다. 가로와 세로의 비가 서로 같은 두 직사각형은 닮은꼴로 한 사각형을 적당히 확대하거나 축소하면 다른 사각형을 만들 수 있다. 그러나 일반용지처럼 그 비가 다르면 닮은꼴이 아니므로 확대하거나 축소하면 한쪽이 크게 되어 필요에 따라서는 그 부분을 잘라내야 하므로 종이가 낭비된다. 따라서 직사각형을 반으로 접어도 모양이 변하지 않게 하면 확대하거나 축소할 때 종이의 낭비를 막을 수 있다.

복사용지에서 긴 변의 길이 대 짧은 변의 길이의 비는 항상 1.414이다. 이 수는 $\sqrt{2}$에 매우 가까운 수이다. 종이의 가로 대 세로의 비가 $\sqrt{2}$가 되면 반으로 접어도 그 모양이 변하지 않아 확대와 축소를 통해 서로 다른 규격의 종이로 변환을 자유롭게 한다. 따라서 $\sqrt{2}$라는 수는 규격이 서로 달라 잘못 잘라져 나가는 종이의 낭비가 없도록 하는 아주 친환경적인 수이다.

닮은꼴을 유지하는 $\sqrt{2}$

$\sqrt{2}$가 왜 반으로 접었을 때 닮은꼴을 유지하는지 알아보자. [그림 1]과 같이 직사각형의 긴 부분을 반으로 접어도 원래의 직사각형과 모양이 똑같은 직사각형이 된다고 하자.

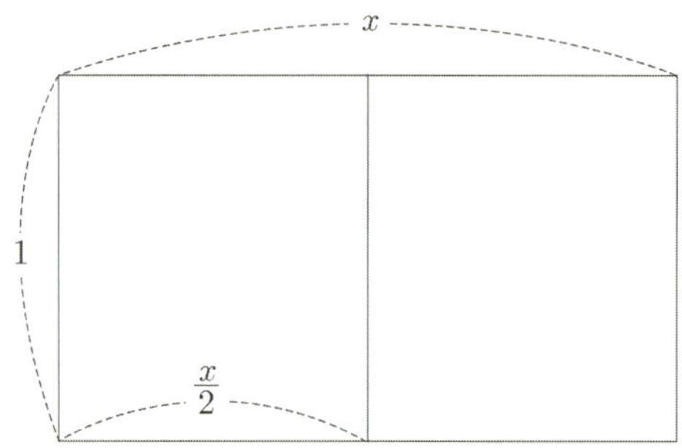

[그림 1] 절반 나눈 직사각형의 닮은꼴

편의상 직사각형의 두 변 중 짧은 변을 세로라 하고 그 길이를 1이라 하자. 가로의 길이를 x라 하면 x는 2보다 작다. 왜냐하면 만일 2보다 크면 가로를 반으로 접은 직사각형의 긴 변의 길이 대 짧은 변의 길이의 비는 $\frac{x}{2}:1$이므로 원래의 직사각형의 비 $x:1$과는 분명 서로 다르다. 그러므로 접은 모양이 같으려면 직사각형의 긴 부분의 길이는 짧은 부분의 길이의 2배보다는 작아야 한다. 즉, $x<2$이다. 따라서 긴 부분을 반으로 접은 직사각형의 긴 변의 길이 대 짧은 변의 길이의 비는 $1:\frac{x}{2}$이다. 원래의 직사각형과 같은 모양이라는 뜻은 닮은꼴로 두 비가 서로 같다는 것이다. 따라서 다음 식이 성립한다.

$$1:\frac{x}{2}=x:1$$

> $a : b = c : d$는 $ad = bc$와 같다.

등호를 중심으로 안쪽 항과 바깥쪽 항의 곱이 같으므로 $\frac{x^2}{2} = 1$을 만족한다. 따라서 $x = \sqrt{2}$가 된다. 즉, 직사각형의 긴 부분을 반으로 접어도 원래의 직사각형과 모양과 똑같으려면 직사각형의 긴 변의 길이 대 짧은 변의 길이의 비는 $\sqrt{2} : 1$ 가 되어야 한다는 뜻이다.

한편 일반용지는 두 번 반복해서 접으면 가로와 세로의 크기가 모두 반으로 되어 두 번 접힌 용지는 항상 원래 용지와 닮은꼴이다. 그러나 가로와 세로의 비가 $\sqrt{2}$가 아니면 한 번 접힌 경우는 원래의 용지와 다르다. 그러므로 서로 다른 두 비가 반복된다.

복사용지의 제작

우리가 가장 자주 사용하는 복사용지는 A4이다. 실측을 통해 알아본 것처럼 이 A4 용지의 규격은 $210\text{mm} \times 297\text{mm}$이다. 긴 변의 길이 대 짧은 변의 길이의 비는

$$\frac{297}{210} \approx 1.414286$$

로 $\sqrt{2}\,(\approx 1.414214)$와 거의 같다. 즉, 긴 변의 길이 대 짧은 변의 길이의 비는 거의 $\sqrt{2} : 1$로 A4 용지는 반으로 접으면 원래의 모양과 같게 나오도록 제작된 것이다.

종이를 경제적으로 사용하려면 그 크기는 어떤 비율로 되어야 할까? 종이는 공장에서 전지라고 부르는 큰 규격의 종이를 절반으로 자르고, 이를 또 다시 절반으로 자르는 과정을 반복하여 만들어진다. 전지를 반으로 자른 것이 반절지, 가로 세로로 각각 이등분하여 나온 종이를 4절지라 하며, 4절지를 반으로 자른 것을 8절지, 8절지를 반으로 자른 것을 16절지라 한다. 즉, n절지는 전지를 똑같은 크기로 n등분한 종이다.

만일 종이의 크기가 $320\text{mm} \times 200\text{mm}$이면 긴 변의 길이 대 짧은 변의 길이의 비가 1.6이나, 이등분하면 $200\text{mm} \times 160\text{mm}$이 되어 그 비가 1.25가 된다. 종

[그림 2] (각각 왼쪽에서 오른쪽으로) 전지, 반절지, 3절지, 4절지, 8절지, 16절지

이를 정사각형으로 하면 그 비는 1이나, 그것을 이등분하면 2가 된다. 이렇듯 반으로 접을 때마다 종이의 모양이 달라지면 종이를 실생활에서 사용하게 될 때 일부를 잘라내게 되어 아까운 종이를 낭비하게 된다. 독일공업규격위원회(Deutsche Industrie Normen)에서는 큰 종이를 잘라 작은 종이를 만드는 과정에서 종이의 낭비를 최소화할 수 있도록 인쇄, 컴퓨터, 편지, 책 등에 이용되는 종이의 형태와 크기를 선택했다. 적절한 규격을 선택했을 때, 예를 들어 컴퓨터 용지의 절반을 편지지로 하고 편지지의 절반을 메모지로 메모지의 절반을 또 다른 용도로 사용한다면 종이를 많이 절약할 수 있을 것이다. 앞서 설명했듯이 종이를 절반씩 나누어 가는 과정에서 그 모양이 변하지 않게 하려면 종이의 비는 $\sqrt{2}$가 되어야 한다.

전지인 A0 용지의 두 변의 길이는 각각 1189mm와 841mm로 그 비는 약 1.4138이며 넓이는 $1189 \times 841 = 999949\text{mm}^2$으로 약 1m^2이다. 즉, A0 용지는 넓이가 1m^2이고 가로 대 세로의 비가 $\sqrt{2}$가 되도록 만든 종이이다. 이 종이를 절반으로 자른 종이를 A1, 다시 A1을 절반으로 자른 종이를 A2라 한다. 같은

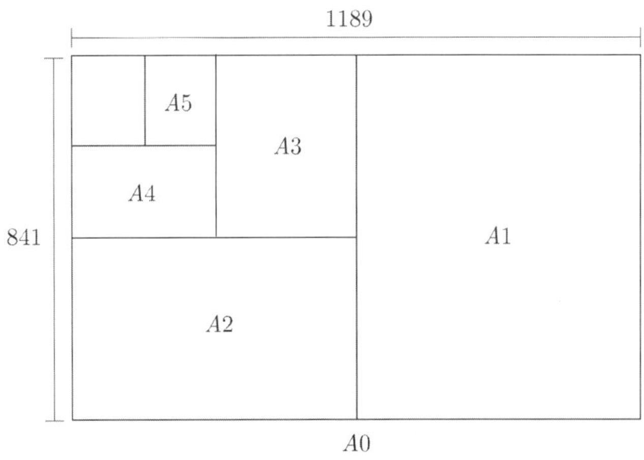

[그림 3] A판의 종류

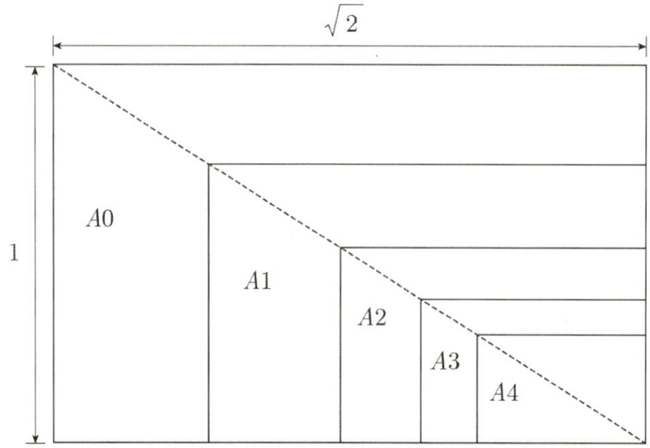

[그림 4] A형 용지의 닮은꼴 비교

방법으로 A3, A4, A5를 만든다. 즉, A4는 A0를 네 번 반복하여 절반으로 자른 종이로 A0 용지를 $16(=2^4)$ 등분한 16절지이다. A 용지를 [그림 4]와 같이 모두 포개놓으면 그 닮은 모양을 알 수 있다.

A0는 그 넓이가 1m^2이고 가로 대 세로의 비가 $\sqrt{2}$가 되도록 만든 종이인 반면, B0는 가로 대 세로의 비는 똑같이 $\sqrt{2}$이나 넓이는 1.5m^2이 되도록 규격을 만든 것이다. 그래서 B0의 크기는 1456mm×1030mm이다. 이 역시 절반으로 나누는 과정에서 B1, B2, B3, B4, B5가 만들어진다.

[표 3]은 ISO 종이 규격이며 동시에 KS 규격이다. ISO 종이 규격은 유럽지역

[표 3] ISO 종이 규격(mm)

		0	1	2	3	4	5	6	7	8
KS 규격	A	841 1189	594 841	420 594	297 420	210 297	148 210	105 148	74 105	52 74
	B	1030 1456	728 1030	515 728	364 515	257 364	182 257	128 182	91 128	64 91

에서 가장 공통적으로 쓰이고 있는 표준 규격이며, 미국은 A4 대신에 주로 레터지를 사용하며 레터지의 규격은 216×279mm(8.5'×11')이다. 물론 레터지는 반으로 접으면 같은 모양이 나오지 않는다.

눈금 없는 자와 컴퍼스만을 이용하여 주어진 선분의 $\sqrt{2}$ 배 되는 선분을 [그림 5]와 같이 그릴 수 있다. 주어진 선분 한쪽에서 선분의 길이와 같은 수직선을 긋고 두 점을 연결하면 그 길이가 $\sqrt{2}$ 이다. 컴퍼스를 이용하여 빗변의 길이를 옮기면 $\sqrt{2}$ 가 된다.

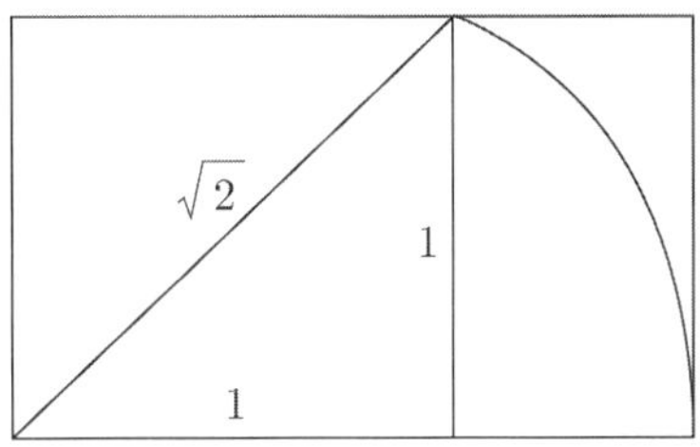

[그림 5] $\sqrt{2}$ 배의 비를 가지는 직사각형 그리기

05

자전거에 숨어 있는 비율

$$회전비 = \frac{앞기어의\ 톱니수}{뒷기어의\ 톱니수}$$

2008년 2월에 막 군대에서 제대를 한 아들과 함께 보름 동안 타이완에 자전거 여행을 간 적이 있다. 공항 인근에서 하룻밤을 지내고 해안을 따라 시계 반대 방향으로 가는 여행이었다. 서해안은 밋밋하기 그지없었으나 남쪽 끝에 있는 켄팅(墾丁) 국립공원을 시작으로 동해안의 거의 모든 길이 절경이었다. 북부해안을 지나 서해안으로 오면 딴수이(淡水)라는 도시가 나온다. 이 도시에서 하구를 따라 발리(八里)까지 15km의 자전거 전용도로가 설치되어 도시와 도시를 연결하였다. 정말 경치 좋은 곳에 보행자와 자전거를 위한 이 길은 사람과 자전거가 다니는 길이 완전히 분리되어 있을 뿐 아니라 오토바이는 들어올 수 없도록 저지대도 만들어 놓았다.

당시만 해도 우리나라에는 제대로 된 자전거 길이 없었다. 타이완의 이러한 자전거 길이 부러워 대전을 중심으로 하는 인터넷 신문인 디트뉴스에 기사를 쓴 적이 있다. 우리나라도 도시와 도시를 연결하는 끊어지지 않은 자전거 전용도로

[사진 1] 딴수이에서 발리까지 자전거 전용도로

가 있었으면 좋겠다고 썼다. 그 후 5년이 지난 2013년 우리나라에는 상상도 못한 자전거 길이 생겼다. 내가 기대한 것 이상으로 세계에서도 유일한 자전거 전용도로가 생겼다. 도시와 도시의 연결을 떠나 4대강을 중심으로 전국을 연결하는 자전거 도로가 생긴 것이다. 이것을 '한다면 한다'는 한민족의 저력이라고 봐야 할까? 그러나 대통령 임기 안에 무조건 완성해야 한다는 정책으로 그 규모에 비해 너무도 짧은 기간에 만들어졌다. 환경친화적이라는 자전거에 어울리지 않게 수변환경을 너무도 많이 파괴했다. 모든 사람을 위한 교통수단보다는 경제적으로 좀 여유가 있는 일부 사람을 위한 레저 및 관광에 치중했다. 정권이 바뀌고 이후 생길 유지비를 생각하면 과연 이 길이 얼마나 오래, 제대로 유지될 수 있을까?

지구를 살리는 길, 자전거를 타자!

기름값이 올라가고 정부 정책으로 자전거 도로가 많이 생기면서 자전거를 타는 시민들은 점점 증가하고 있다. 자전거는 일반적으로 생활용과 레저용으로 나눌 수 있다. 대체적으로 생활용은 가격이 저렴하고 레저용은 상대적으로 비싸다. 자전거의 가장 좋은 점은 짧은 거리를 이동하는 교통수단으로 매우 경제적이고 사용하기에 편리하다는 것이다. 갈수록 비싸지는 기름값과 대중교통비를 생각하면 자전거로 출퇴근하는 것은 교통비를 100% 가까이 절약할 수 있는 좋은 방법이다.

자전거를 타는 것은 재미있기도 하지만 또한 매우 효과적인 유산소 운동이다. 출퇴근이나 통학하는 사이 우리의 건강은 몰라보게 좋아진다. 게다가 대기환경을 좋게 하여 자전거를 타는 행위는 환경과 타인을 위해 이로운 일을 하는 것과 같다. 출퇴근이나 통학은 어차피 해야 하는 시간으로 이 시간에 자전거를 이용하면 따로 돈과 시간을 들여 다른 운동을 할 필요가 없다.

차를 타고 가면 폐쇄된 공간에 갇혀 있게 되어 외부의 자극에 폭력적이 될 수 있다. 그래서 자동차 안에서 큰 소리 치고 얼굴을 붉히는 행위를 자주 볼 수 있다. 그러나 자전거를 타고 가면 내 힘으로 바람을 가르고 달리게 되어 사람과 세상을 보다 긍정적이고 밝게 본다. 집에서 받은 스트레스는 출근하면서, 직장이나 학교에서 받은 스트레스는 귀가하면서 풀 수 있다. 건강에 안 좋은 스트레스가 거의 쌓이질 않는다.

자전거를 타면 건강해지고 기분이 좋아지면서 교통비까지 절약한다. 그뿐 아니다. 잊혀졌던 골목길이 다시 보인다. 따라서 자전거 출퇴근이나 통학을 하면 여러 가지 이로운 효과를 얻을 수 있다.

아침시간이 너무 빠듯해 자전거로 갈 여유가 없다는 사람은 조금만 더 일찍 일어나면 된다. 그만큼 더 즐겁고 건강하게 살 수 있다. 많은 경우 특히 교통체증이 심하면 자전거는 지하철이나 버스보다 결코 뒤지지 않는다. 심지어 자가용이나 택시보다도 빠른 경우가 많다. 짧은 거리일수록 자전거로 가는 것이 더 빨리 도착할 수 있어 좋다.

자전거로 가기에는 거리가 너무 멀고 위험하다고도 한다. 물론 너무 멀거나 위험한 곳이 많다면 굳이 탈 필요는 없다. 사람에 따라 다르겠지만 목적지까지 한 20km 이내이면 타볼 만하다. 자전거는 차로 분류되므로 자전거 도로가 없다면 차도를 이용해야 한다. 차도에서 운행 중인 자동차가 일부러 와서 자전거를 치는 경우는 거의 없다. 그러나 차도에서는 반드시 우측통행을 하고 길 오른쪽에 치우쳐 가며 항상 뒤에서 오는 자동차를 조심해야 한다.

자전거는 겨울에도 충분히 탈 수 있다. 단, 적당한 방한복을 반드시 착용해야 한다. 우리나라는 일반적으로 자전거를 타지 못할 정도로 춥거나 비가 많이 오는 날씨는 일 년에 얼마 되지 않는다. 가까운 일본에는 비가 와도 우산을 들고 타는 사람들이 많다.

자전거는 보관할 곳도 마땅치 않고 도난의 여지가 있기도 하다. 그러나 잘 찾아보면 우리 주변 어딘가에 보관할 만한 곳이 꼭 있다. 아니면 접이식으로 나온 작은 자전거를 이용하면 보관이 좀 더 용이하다. 자전거가 많이 사용되면서 자전거 도난도 많아지고 있으니 자전거 보관에 좀 더 신경 쓸 필요는 있다.

옷 갈아입기가 불편하다고 하는데, 출퇴근용으로 가볍게 탈 경우 출근 복장으로 타면 된다. 굳이 자전거 복장을 꼭 착용할 필요는 없다. 통이 넓은 바지를 입는 경우 오른쪽 발목 위의 바지를 반드시 감아주어야 하다. 그래야 체인에 걸리는 일을 막을 수 있다. 헬멧은 마실 다닐 정도로 가볍게 다니지 않는 한 반드시 착용하는 것이 좋다. 자동차의 안전벨트라 생각하면 된다. 좀 불편하지만 사고가 나는 경우 안전에 큰 역할을 한다.

땀 흘리고 샤워하기가 마땅치 않을 수도 있지만, 자전거를 타면 항상 바람이 자전거 속도에 비례하여 불어온다. 굳이 빨리 달릴 필요 없다. 천천히 타면 많은 땀을 흘리지 않는다. 필요하다면 수건을 물에 적셔 땀 난 부위를 닦으면 개운해진다. 나를 살리고, 이웃을 살리고, 나라를 살리고 그리고 지구를 살리는 길, 자전거를 타자.

적당한 기어비를 이용하면 타기에 편리한 자전거

자전거는 바퀴의 크기에 따라 일반자전거와 작은자전거로 나뉜다. 일반자전거의 바퀴는 보통 27인치와 26인치를 사용한다. 포장된 도로를 타는 도로자전거(Cycle)는 주로 27인치로 되어 있고, 비포장도로도 탈 수 있는 산악자전거(MTB)는 주로 26인치로 되어 있다. 그보다 작은 자전거는 미니벨로(Mini Velo)라고도 하는데 20인치 이하의 바퀴가 달린 자전거를 말한다.

1인치는 약 2.54cm로 바퀴 크기는 바퀴를 장착하는 테의 지름을 나타낸다. 바퀴의 테에 장착하는 타이어도 크기에 따라 다양하다. 따라서 바퀴의 크기는 테의 크기와 거기에 덧붙인 타이어의 크기에 따라 달라진다. 예를 들어 26인치 테에 2.0인치 타이어를 달면 바퀴의 둘레는 약 212cm 정도 되고, 1.75인치 타이어를 달면 이것보다 조금 작은 207cm 정도 된다.

일반적으로 산악자전거는 앞 기어가 3단이고, 뒤 기어가 9단으로 되어 있어 총 27단의 기어를 사용할 수 있다(요즘은 10단 기어도 나온다). 도로자전거는 앞 기어가 2단, 뒤 기어가 10단으로 20단이다. 작은자전거는 경우에 따라 다르지만 필자가 갖고 있는 다혼(Dahon)의 뮤에스엘(Mu SL)은 앞 기어는 하나이고 뒤 기어만 9단이다.

기어의 크기는 톱니 수로 재는데 단위를 보통 T(teeth)로 사용한다. 따라서 32T라 함은 32개의 톱니가 균일하게 달려 있다는 것을 뜻한다. 산악자전거 엘파마 티타니아(Elfama Titania)는 앞 기어가 3단으로 44×32×22T이고(이 의미는 가장 큰 기어가 44T, 중간 기어가 32T 그리고 작은 기어가 22T라는 뜻), 뒤 기어는 9단으로 가장 작은 기어 11T에서 가장 큰 기어 34T까지 고루 되어 있다(11~34T). 도로자전거 세벨로(Cervelo) 듀얼듀라에이스(Dual Dura Ace)는 앞 기어가 2단으로 53×39T, 뒤 기어는 10단으로 11~23T 그리고 작은자전거 다혼 뮤에스엘은 앞 기어가 53T, 뒤 기어는 9단으로 11~32T이다.

자전거에서 페달의 회전수 대 뒷바퀴의 회전수 비를 회전비라 한다. 페달을 한 바퀴 돌렸는데 뒷바퀴가 두 바퀴 돌면 회전비는 2가 된다. 앞 기어가 32T이고 거기에 물린 뒤 기어가 16T이면 페달을 한 바퀴 돌리는 데 따라 뒷바퀴는 두 바퀴씩 돌아간다. 한 번 페달을 돌리는 데 뒷바퀴가 4바퀴 돌면 2바퀴 도는 것보다 속도는 빠른 대신 힘이 더 든다. 그러나 뒷바퀴가 반 바퀴만 돈다면 속도는 느리나 페달을 밟는 힘은 상대적으로 덜 든다.

페달이 달려 있는 앞 기어(크랭크)와 뒷바퀴를 돌리는 뒤 기어(스프로킷)에는 톱니가 달려 있다. 따라서 회전비는 이들 톱니수의 비로 다음과 같이 나타낼 수 있다.

> 회전비=앞 기어의 톱니 수/뒤 기어의 톱니 수

필자가 갖고 있는 자전거의 회전비를 살펴보자. [사진 2]는 산악자전거 엘파마 티타니아의 기어이다. 이 자전거의 회전비는 [표 1]과 같다. [사진 3]은 철인삼종 경기할 때 사용하는 도로자전거 세벨로 듀얼듀라에이스의 기어이고, 이 자전거의 회전비는 [표 2]와 같다. [사진 4]는 작은자전거 다혼 뮤에스엘의 기어이고, 이 자전거의 회전비는 [표 3]과 같다.

[사진 2] 산악자전거 엘파마 티타니아의 기어

[표 1] 산악자전거 엘파마 티타니아의 회전비

뒤 앞	11T	13T	15T	17T	20T	23T	26T	30T	34T
44T	4.00	3.38	2.93	2.59	2.20	1.91	1.69	1.47	1.29
32T	2.91	2.46	2.13	1.88	1.60	1.39	1.23	1.07	0.94
22T	2.00	1.69	1.47	1.29	1.10	0.96	0.85	0.73	0.65

[사진 3] 도로자전거 세벨로 듀얼듀라에이스의 기어

[표 2] 도로자전거 세벨로 듀얼듀라에이스의 회전비

뒤 앞	11T	12T	13T	14T	15T	16T	17T	19T	21T	23T
53T	4.82	4.42	4.08	3.79	3.53	3.31	3.12	2.79	2.52	2.30
39T	3.55	3.25	3.00	2.79	2.60	2.44	2.29	2.05	1.86	1.70

[사진 4] 작은자전거 다혼 뮤에스엘의 기어

[표 3] 작은 자전거 다혼 뮤에스엘의 회전비

앞＼뒤	11T	12T	14T	16T	18T	21T	24T	28T	32T
53T	4.82	4.42	3.79	3.31	2.94	2.52	2.21	1.89	1.66

모든 기어의 조합을 다 사용할 필요는 없다

산악자전거 엘파마 티타니아의 예를 들어 보자. 수동식 자동차에서는 속도가 빠를수록 기어의 단 수를 올린다. 고속으로 달릴 때는 5단으로 달리고 저속일 때는 1단으로 달린다. 이에 맞추어 자전거에서는 각 톱니의 수의 크기에 따라 다음과 같이 숫자를 부여한다.

[표 4] 기어의 톱니 수와 단 수

구분	기어
앞 기어	44T(3단), 32T(2단), 22T(1단)
뒤 기어	11T(9단), 13T(8단), 15T(7단), 17T(6단), 20T(5단) 23T(4단), 26T(3단), 30T(2단), 34T(1단)

[표 5] 산악자전거 엘파마 티타니아의 회전비

앞 \ 뒤	9단	8단	7단	6단	5단	4단	3단	2단	1단
3단	4.00	3.38	2.93	2.59	2.20	1.91	1.69	1.47	1.29
2단	2.91	2.46	2.13	1.88	1.60	1.39	1.23	1.07	0.94
1단	2.00	1.69	1.47	1.29	1.10	0.96	0.85	0.73	0.65

[표 5]를 보면 3단-9단 기어비는 가장 높은 회전비 4.00으로 페달을 한 번 돌리면 뒷바퀴는 4번 회전되고, 1단-1단 기어비는 0.65로 회전비가 가장 낮아 페달을 한 번 돌리면 뒷바퀴는 반 바퀴 조금 더 돌게 된다.

[표 5]를 볼 때 2단-9단의 회전비는 3단-7단과, 2단-8단은 3단-6단과 거의 비슷하다. 높은 회전비 순서로 기어비를 나열하면 아래와 같다.

3-9, 3-8, 3-7, 2-9, 3-6, 2-8, 3-5, 2-7, 1-9
3-4, 2-6, 3-3, 1-8, 2-5, 3-2, 1-7, 2-4, 3-1
1-6, 2-3, 1-5, 2-2, 1-4, 2-1, 1-3, 1-2, 1-1

앞 기어는 자전거 프레임을 기준으로 바깥쪽이 큰 기어(3단)이고, 뒤 기어는 바깥쪽이 가장 작은 기어(9단)이다. 그러므로 앞 기어의 바깥쪽과 뒤 기어의 안쪽 또는 앞 기어의 안쪽과 뒤 기어의 바깥쪽을 연결하면 체인이 크게 비틀리게 된다. 따라서 1단-9단이나 3단-1단 같은 기어의 조합은 굳이 사용할 필요가 없다. 그와 비슷한 회전비를 갖는 다른 기어 조합을 이용하면 된다. 따라서 [표 5]에 의하면 앞 기어의 가장 큰 기어(3단)는 뒤 기어의 제일 작은 기어 5개(5단~9단)와 함께 사용하고, 중간 기어(2단)는 가운데 기어 5개(3단~7단), 제일 작은 기어(1단)는 가장 큰 기어 5개(1단~5단)와 사용하면 체인이 크게 비틀리지 않고 바르게 정렬되어 좋다. 굳이 27개의 모든 조합의 기어를 사용할 필요는 없는 것이다.

따라서 보통의 빠르기로 평지를 달릴 때는 앞 기어를 중간(2단)에 넣고 순간순간 속도와 길의 변화에 따라 뒤 기어를 조정한다. 경사가 급한 오르막이 나오면 앞 기어를 작은 기어(1단)에 넣고 사용하면 힘을 적게 사용하여 오를 수 있다. 내리막길에서 속력을 내고 싶을 때는 앞 기어를 큰 기어(3단)에 넣고 사용한다. 대체로 앞 기어 하나를 큰 기어로 올리는 것은 뒤 기어 두 개를 작은 기어로 내리는 효과와 거의 비슷하다.

회전비를 크게 하여 무리해서 자전거를 탈 필요는 없다. 자전거를 힘들이지 않고 잘 타기 위해서는 길의 순간순간 변화에 앞 기어와 뒤 기어를 적절히 잘 조정해야 한다. 기어는 멋으로 있는 것이 아니다. 자전거를 타는 동안 계속해서 변화를 주어 무릎에 부담 가는 것을 줄이는 것이 좋다.

산악자전거로 도로자전거와 경쟁하지 말라

똑같은 기량을 가진 두 사람이 하나는 산악자전거를 타고 하나는 도로자전거

[사진 5] 도로자전거(철인용) 세벨로 듀얼듀라에이스

[사진 6] 산악자전거 엘파마 티타니아

를 타고 도로를 함께 달린다면 서로 경쟁이 될까? 아마도 무게가 가벼운 도로자전거가 훨씬 빠를 것이라고 생각할 것이다.

[표 1]과 [표 2]를 비교하면 도로자전거의 회전비가 더 크다. 따라서 평지를 달리면 산악자전거는 도로자전거를 따라 잡기 힘들다. 그러나 오르막에서는 사정이 달라진다. 초저단기어를 사용해야 할 정도로 경사가 급하면 도로자전거는 올라가기 힘들어 속도가 늦어지지만 산악자전거는 사뿐히 올라갈 수 있다.

자전거의 속도는 기어의 회전비와 얼마나 빨리 페달을 돌리느냐에 달려 있다. 회전비가 높을수록 그리고 페달을 빨리 돌릴수록 속도는 빨라진다. 물론 같은 회전비에 같은 페달 횟수라면 바퀴가 클수록 속도가 빠르다. 1분에 자전거 페달을 90번 돌리면 자전거는 얼마의 속도를 낼까?

산악자전거의 바퀴는 일반적으로 26인치이다. 앞 기어는 주로 3단이고 뒤 기어는 9단이다. 도로자전거의 바퀴는 대체로 27인치(단, 철인삼종경기용 자전거는 26인치)이고 앞 기어는 주로 2단이며 뒤 기어는 10단이다. 여기서는 26인치 바퀴의 산악자전거(26×2.0)와 26인치 바퀴의 철인용 자전거(650×23C)로 속도를 구해본다.

26인치이면 1인치가 2.54cm이므로 66cm가 된다. 따라서 바퀴테의 둘레는 66×3.14=207cm가 되며, 여기에 타이어가 부착되면 그만큼 더 커진다. 그러나 실제로 측정해 보니 26×2.0인 경우 바퀴 둘레가 212cm, 650×23C인 경우 196cm이다. 1분에 자전거 페달을 90번 돌리면 1km=100,000cm이므로

> 속도(km/h)=
> 회전비x바퀴둘레x90번x60분/100000

이 된다. 따라서 1분에 자전거 페달을 90번 돌릴 경우 속도는 다음과 같다.

[표 6] 회전비에 따른 산악자전거의 속도(km/h)

앞 \ 뒤	11	13	15	17	20	23	26	30	34
44	44	38	33	29	24				
32			24	21	18	15	14		
22					12	11	9	8	7

[표 7] 회전비에 따른 도로자전거의 속도(km/h)

앞 \ 뒤	11	12	13	14	15	16	17	19	21	23
53	50	46	42	40	36	34	32			
39				29	27	25	24	21	19	18

[표 6]과 [표 7]에 따르면 도로자전거가 속도를 더 빨리 낼 수 있을 뿐 아니라, 도로자전거는 더 가볍고 타이어의 접지면적이 더 작기 때문에 그만큼 도로 마찰에 의한 힘이 덜 든다. 그래서 산악자전거로 도로자전거를 앞지르는 것은 쉽지 않다.

결론적으로 도로의 경사가 급하지 않는 한 도로자전거가 산악자전거보다 빠르다. 설령 급한 경사의 오르막이 있다하더라도 그 구간이 길지 않는 한 도로자전거가 산악자전거보다 빠르다. 산악자전거를 타면서 도로자전거가 앞질러 간다고 해서 따라 잡으려고 하지 말라.

작은 자전거도 속도가 느리지 않다

필자가 자전거 애호가인 것을 아는 많은 사람들이 어떤 자전거를 사면 좋을지 묻는 경우가 많다. 그럴 때 특별한 용도로 필요한 것이 아니라면 서슴없이 접이

[사진 7] 작은 자전거 다혼 뮤에스엘

식 작은 자전거를 권장한다. 그러면 묻는 첫 질문이 "작은 자전거는 느리지 않나요?"이다. 비교 상대는 일반자전거이다. 물론 작기 때문에 느리지 않을까 하는 의심은 가질 수 있다.

앞의 [표 3]에 의하면 이 작은 자전거의 회전비는 1.66에서 4.82로 일반자전거의 가장 빠른 회전비 4보다 크다. (일반자전거는 산악자전거와 거의 비슷하다.) 다시 말하면 작은 자전거로 한 바퀴 페달을 돌리면 약 5바퀴 가까이 굴러가고 일반자전거는 4바퀴 굴러간다. 작은 자전거의 바퀴 지름을 20으로 보고, 일반자전거의 바퀴 지름을 26으로 보면 한 바퀴 굴릴 때 작은 자전거는 100 가까이, 일반자전거는 104만큼의 거리를 간다. 따라서 바퀴가 큰 일반자전거가 조금 빠르다.

그러나 작은 자전거는 그만큼 가볍고 더구나 일반자전거에 비해 작은 바퀴를 굴리므로 힘이 덜 든다. 따라서 더 많은 페달을 돌릴 수 있으므로 결코 일반자전거에 비해 속도가 뒤지지 않는다. 경험에 의하면 산악자전거 동호인과 함께 달렸을 때 평지에서 다른 산악자전거가 작은 자전거를 거의 따라오지 못했다.

작은 자전거의 단점은 바퀴가 작기 때문에 그만큼 안전하지 않을 수 있다는 것이다. 왜냐하면 돌출물을 넘어갈 때 상대적으로 큰 바퀴가 안전하게 지나가기 때문이고 또한 빠른 속도를 낼 때에는 일반자전거보다 더 많이 바퀴가 회전하므로 위험할 수 있다.

그러나 크기가 작아 상대적으로 가볍고 또한 접을 수 있어 휴대가 용이하여 대중교통을 이용하기에 훨씬 편리하다. 그러므로 일반인이 적당한 속도로 타기에는 작은 자전거가 일반자전거보다 여러 면에서 좋은 점이 많다.

06

황희 정승과 수학의 상대적 진리

과 易地思之

역 지 사 지

– 처지를 바꾸어서 생각함 –

조선시대 청백리의 대명사인 황희 정승에게는 다음과 같은 일화가 있었다고 한다.

"어느 날 황희 정승이 사랑방에서 책을 읽고 있는데 밖에서 계집종 둘이 악을 쓰고 다투고 있었다. 황희가 밖을 나와보자 다투던 계집종 중 예쁜이가 쪼르르 달려가 사실을 일러바치며 자신이 옳지 않냐고 물었다. 그러자 황희는 고개를 끄덕이며 '그래 네가 옳다'고 답을 했다. 그러자 다른 계집종 곱단이가 다시 그에게 달려가 자초지종을 설명했다. 그러자 황희는 또 다시 고개를 끄덕이며 '너 역시 옳구나' 했다고 한다. 그러자 옆에서 이를 지켜보던 황희 정승의 부인이 어처구니가 없어 '한쪽이 옳으면 다른 한쪽이 그른 일이 아닙니까? 나라 정치도 그와 같이 하면 어떻게 됩니까?' 하니 황희 정승은 또다시 고개를 끄덕이며 '당신 말도 옳소'라고 대답했다."

이와 같은 황희 정승의 말을 이도저도 아닌 말장난일 뿐이라며 비난하는 사람도 많다. 그러나 황희 정승의 대응은 다툼을 피해가는 매우 현명한 방법이다. 상대방의 처지를 잘 이해하면 그가 특별히 나쁜 사람이 아닌 한 그의 말도 일리가

있다는 것이다. 처지를 바꾸어 생각해 보는 것을 사자성어로 역지사지(易地思之)라 한다. 비록 다른 사람의 의견이 자기와 다르다고 해도 무조건 상대방이 잘못했다고 또는 틀리다고 나무랄 일은 아니다. 상대의 마음을 이해하면 그가 한 주장도 옳을 수 있는 것이다. 나의 생각만 옳고 다른 사람의 의견은 틀리다고 하면 여기에는 항상 다툼이 있을 수밖에 없다. 현재를 살아가는 사람들이 황희 정승의 어법을 닮으면 오해에서 오는 많은 다툼이 사라질 것이다.

수학의 결과를 마치 절대적인 진리로 생각하는 사람이 많은 것 같다. 예를 들어 1+1=2는 절대적으로 옳은 것으로 알고 있는 사람이 많다. 그러나 수학의 결과들은 상대적인 진리이다. 수학적인 결과가 나오기 위해서는 반드시 주어진 가정이 있다. 다시 말해서 주어진 가정이 달라지면 결과도 달라진다. 예를 들어 단위를 '방울'로 하면 물 한 방울에 물 한 방울을 더하면 그 결과는 물 한 방울이 된다. 즉, 1+1=1이 될 수도 있다. 이때의 주어진 가정은 크기라든가 무게라든가 개수가 아닌 모양이다. 물 한 방울에 물 한 방울을 더하면 그 모양은 다시 물 한 방울이 되는 것이다.

우리는 학교에서 삼각형에 있는 세 내각의 합은 180도라고 배웠다. 한 바퀴를 균등하게 360등분한 한 각을 1도라 할 때 삼각형의 내각의 합은 180도라고 가르쳤고 그렇게 배워왔다. 그래서 삼각형의 내각의 합이 180도라는 것은 의심의 여지가 없는 진리로 알고 있다. 정말 삼각형을 구성하는 내각의 합은 180도일까? 같은 이유에서 "주어진 직선에 있지 않은 한 점을 지나고 그 직선과 평행인 직선은 단 하나 있다."라고 배웠다. 주로 철로를 예로 들어 설명한다. 하지만 이 역시 주어진 조건이 바뀌면 달라질 수 있다.

동그란 공 위에 삼각형을 그리고 그 내각의 합이 정말 180도인지 살펴보라. 이번엔 공 위가 아닌 공 안이라고 생각하고 삼각형을 그려봐라. 아니면 나팔의 겉면에 그려보는 것도 좋다. 그 내각의 합이 정말 180도인지 살펴보라. 평면 위에 그려진 삼각형과 같이 그 내각의 합이 180도일까? 또한 동그란 공 위에 한 직선을 긋고, 그 직선 위에 있지 않은 한 점을 지나면서 그 직선과 나란한 선을 그어보라. 그러한 직선을 찾기 쉽지 않을 것이다. 이번엔 공 위가 아닌 공 안에 들어가 있다고 가정하고 천정에 주어진 직선과 평행한 선을 찾아 보라. 의외로 평행선이 너무 많은 것을 알 수 있다.

그렇다면 우리가 알고 있는 삼각형의 내각의 합은 180도이고, 주어진 직선에 있지 않은 한 점을 지나고 그 직선과 평행인 직선이 단 하나만 있다는 것은 옳은 것인가 틀린 것인가?

삼각형의 내각의 합은 180도이다

직각을 90도라고 할 때 [그림 1]과 같이 직선을 이루는 평각 $\angle AOB$은 직각이 두 개이므로 180도가 된다. 여기서 기호 $\angle$은 각을 나타낸다.

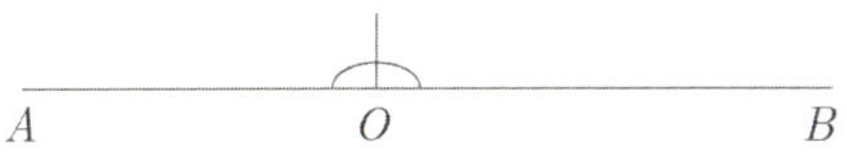

[그림 1] 직선각

[그림 2]와 같이 삼각형 ABC의 꼭짓점 B를 지나고 선분 AC에 평행한 직선을 긋고 그 위에 점을 D와 H라 하자. $\angle C$는 $\angle HBC$와 엇각으로 같고 $\angle A$는 $\angle ABD$와 엇각으로 같다. 그러므로 삼각형 ABC의 내각의 합은 $\angle A+\angle B+\angle C=\angle ABD+\angle B+\angle HBC$로 평각이 되어 180도가 된다.

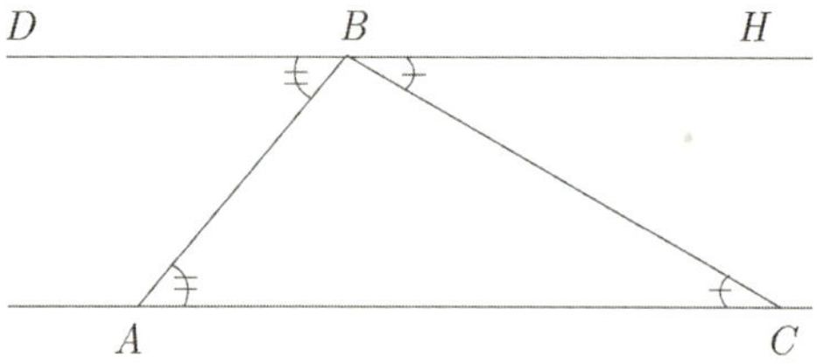

[그림 2] 삼각형의 내각의 합은 180도

삼각형의 내각의 합은 180도임을 설명하면서 한 점 B를 지나고 주어진 직선 AC에 평행인 직선 DH는 단 하나밖에 없음을 묵인했다. 이러한 평행선이 여러 개 있다거나 또는 하나도 없을 수 있다는 것을 생각해 보았는가? 그럴 수는 없다고? 그러면 그러한 평행선이 단 하나뿐이라는 것은 어떻게 설명할 수 있는가?

지금껏 우리가 배워온 기하학은 유클리드(Euclid, BC 365~300)가 저술한 《원론(Elements)》에 기반을 두고 있다. 우리가 《원론》을 전부 다 읽지는 않았지만 그 내용은 배웠다. 우리가 지금껏 배워온 기하학을 유클리드 기하학이라고 한다. 이 기하학은 다음과 같은 5가지의 가정(또는 공준, postulate)에서 시작한 것이다.

[그림 3] 유클리드

(1) 한 점으로부터 또 다른 한 점으로 직선을 그을 수 있다.

(2) 유한직선은 무한히 연장할 수 있다.

(3) 임의의 점을 중심으로 다른 임의의 점을 통과하는 원을 그릴 수 있다.

(4) 모든 직각은 서로 같다.

(5) 한 직선과 두 직선이 만날 때 어느 한쪽의 두 내각의 합이 2직각보다 작으면, 이 두 직선을 무한히 연장할 때, 2직각보다 작은 각이 이루어지는 쪽에서 두 직선은 반드시 만난다.

여기서 공준이라 함은 그것을 바탕으로 전개되는 모든 명제에 어떠한 모순도 생기지 않도록 증명 없이 인정하는 명제라 할 수 있다. 다섯 번째 가정을 평행공준이라 하며 플레이페어(J. Playfair, 1748~1819)는 이를 좀 더 쉽게 풀이하여 "직선 ℓ과 ℓ 위에 있지 않은 점 P가 있을 때, P와 ℓ이 속하는 평면 위에는 ℓ과 평행하면서 P를 지나는 직선이 오직 한 개만 존재한다."는 명제를 만들고 평행공준과 동치임을 증명하였다(그림 4). 평행공준을 대신하여 우리가 배워온 것이 이 명제이다. 마치 기독교에서 "신은 존재한다"는 것을 믿듯이 유클리드 기하학(또는 포물기하학, parabolic geometry)은 위 다섯 명제를 인정하고 그 위에 세워진 학문이라 할 수 있다.

평행공준을 제외한 처음 네 가지의 가정에서 출발하는 기하학을 절대기하학이라 한다. 그러므로 삼각형의 내각의 합이 180도라는 것은 평행공준을 인정해야만 성립된다. 즉 "주어진 직선 위에 있지 않은 한 점을 지나고 주어진 직선에 평행한 직선은 단 하나 있다."라고 가정하면, "삼각형의 내각의 합은 180도이다."가 정확한 표현이다. 따라서 평행공준을 인정하지 않으면 삼각형의 내각의 합은 180도가 아닐 수도 있다.

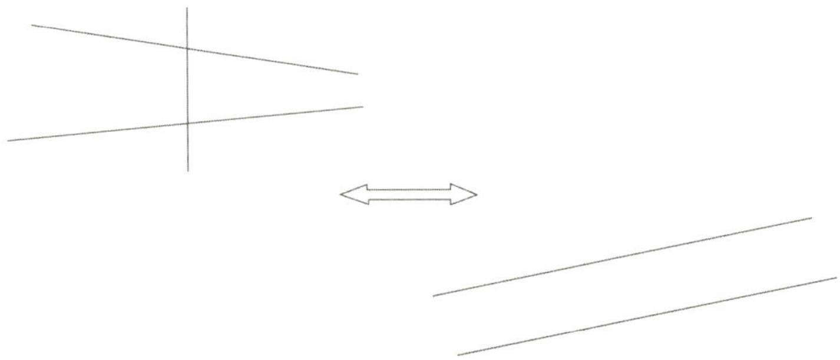

[그림 4] 평행공준

유클리드 기하학에서 "직선이란 점이 그 위에 균등하게 놓인 선이다."로 정의되어 있으나 아르키메데스(Archimedes, BC 287~212)가 "직선은 두 점을 연결하는 최단의 선이다."로 다시 정의하였다. 유클리드는 "평면이란 직선이 그 위에 균등하게 놓인 면이다."로 정의하였다. 즉, 평면은 그 위의 임의의 두 점을 지나는 직선이 그 위에 놓여있어야 한다. 우리가 지금껏 배운 그대로 직선과 평면을 생각하면 된다.

> 주어진 직선 위에 있지 않은 한 점을 지나고 주어진 직선에 평행한 직선이 단 하나 있다면, 삼각형의 내각의 합은 180도이다.

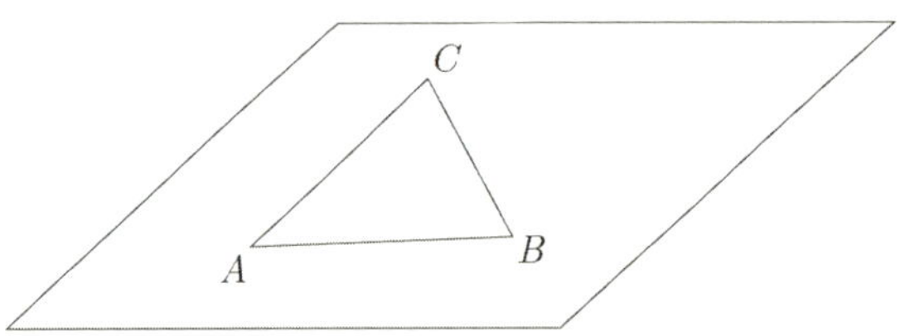

[그림 5] 유클리드 기하학에서 삼각형

유클리드 기하학에서 다음 각 명제는 모두 같은 뜻이다.

(1) 한 직선이 평행인 두 직선 중 하나와 만나면 반드시 다른 평행선과도 만난다.
(2) 평행선은 어디서나 거리가 똑같다.
(3) 주어진 선 위에 있지 않는 한 점을 지나는 평행선은 오직 하나뿐이다.
(4) 삼각형의 내각의 합은 180°이다.

우리는 이와 같은 사실만이 옳은 것이라고 지금까지 믿어왔다. 그러나 가정이 달라지면 결론도 달라진다.

삼각형의 내각의 합은 180도보다 작다

러시아의 수학자 로바체프스키(N. I. Lobachevsky, 1793~1856)는 1829년에 비유클리드 기하학에 관한 최초의 논문 〈기하학의 원리에 관하여〉를 러시아어로, 1840년에 〈평행선 이론에 대한 기하학적 연구〉를 독일어로 발표하였다. 여기서 그는 평행선의 존재를 하나 이상으로 가정하였다.

[그림 6] 로바체프스키

헝가리의 보여이(J. Bolyai, 1802~1860)도 로바체프스키와는 독립적으로 연구하여 1832년 "만일 한 점을 지나 주어진 직선과 평행인 직선이 하나 이상 있다고 하면"이라는 가정 아래, 모순이 없는 새로운 기하학을 발표하였다. 이 논문은 엄청난 비판을 받았을 뿐 아니라 이미 3년 전에 로바체프스키가 러시아 잡지에 발표했음을 알고 보여이는 정신적 우울증에 빠져 더 이상 연구를 발표하지 않았다고 한다.

[그림 7] 보여이

독일의 가우스(C. F. Gauss, 1777~1855)도 독립적으로 보여이가 의문을 제기하기 전에 이미 새로운 기하학을 알고 있었다. 그러나 그는 전혀 연구 결과를 발표하지 않았고 그의 사후에 알려지게 되었다.

[그림 8] 가우스

유클리드 기하학의 평행공준 대신 "한 점을 지나고 주어진 직선에 평행한 직선은 두 개 이상 존재한다."라는 가정 아래 생성된 기하학을 로바체프스키 기하학(또는 쌍곡기하학, hyperbolic geometry)이라 한다. 이 기하학이 성립하는 (벨트라미)모형으로 [그림 9]와 같은 것을 들 수 있다. 이 모형은 추적선(tractrix)이라는 곡선을 회전하여 얻은 곡면이다. 마치 나팔꽃의 겉 표면과 비슷한 이 곡면을 의구(pseudosphere)라 하며 쌍곡기하학에서 평면이 된다. [그림 9]에서 직선 BC와 AD는 평행선이며 직선 ℓ에 평행하고 점 P를 지나는 직선은 적어도 두 개 이상 존재한다. 이 위에서 삼각형을 그리면 내각의 합은 180도보다 작게 된다.

쌍곡기하학에서는 다음 사실이 성립한다.

(1) 임의의 직선 ℓ과 ℓ 위에 있지 않은 임의의 점 P에 대하여 P를 지나서 ℓ과 평행인 직선이 적어도 두 개 존재한다.

(2) 삼각형의 내각의 합은 180도보다 작다.

(3) 모든 블록 사각형의 내각의 합은 360도보다 작다.

(4) 두 삼각형이 닮은꼴이면 그들은 합동이다.

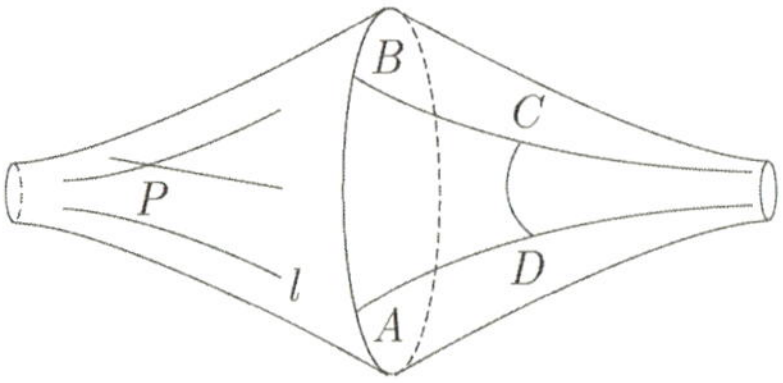

[그림 9] 쌍곡평면

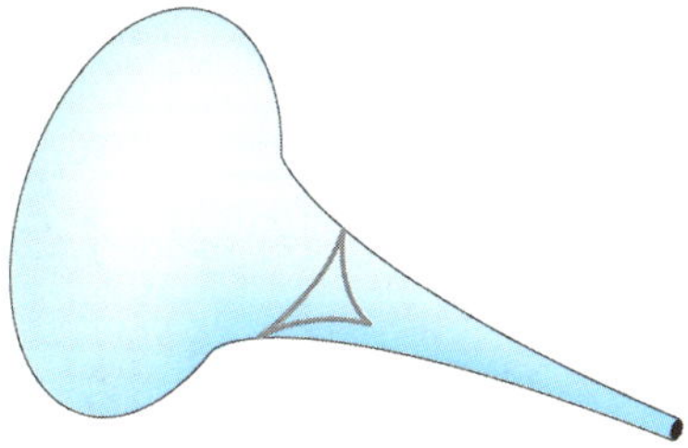

[그림 10] 쌍곡기하학에서 삼각형

[그림 9] 또는 [그림 10]에서 보듯이 움푹 들어간 면에서 삼각형을 그리면 내각의 합은 180도보다 작게 된다.

> 주어진 직선 위에 있지 않은 한 점을 지나고 주어진 직선에 평행한 직선이 여러 개 있다면, 삼각형의 내각의 합은 180도보다 작다.

쌍곡기하학에서는 두 삼각형이 닮은꼴이면 그들은 합동이므로 삼각형을 찌그러뜨리지 않고 확대, 축소시키는 것이 불가능하다. 왜냐하면 확대, 축소는 닮은꼴이므로 그것은 사진의 실물크기와 같아야만 가능하기 때문이다.

삼각형의 내각의 합은 180도보다 크다

[그림 11] 리만

독일의 리만(G. F. Riemann, 1826~1866)은 1854년 괴팅겐 대학의 강사 취임 강연에서 '기하학의 기초를 이루는 가정에 대하여'라는 제목으로 새로운 기하학을 발표하였다. 리만은 "한 평면 위에 있는 임의의 두 직선은 반드시 만난다."로 가정하여 평행공준의 평행선 존재를 부정하였다. 유클리드 기하학의 공준 2 '유한직선은 무한정 연장할 수 있다'에 대하여 "직선의 크기가 무한하다는 것이 아니라 단지 끝이 없다거나 또는 경계가 없다."로 생각하여 공준 1과 공준 2 그리고 평행공준을 아래와 같이 수정하였다.

(1) 임의의 두 점은 적어도 하나의 직선을 결정한다.
(2) 직선은 경계가 없다.
(5) 한 평면 위에 있는 임의의 두 직선은 반드시 만난다.

이와 같이 수정된 가정과 함께 태어난 새로운 기하학을 리만기하학(타원기하학, elliptic geometry)이라 한다. 이 기하학이 성립하는 (리만)모형으로 [그림 12]와 같이 구면을 (타원)평면으로 보았다. 이 평면에서 직선은 표면 위의 두 점을 지나는 가장 큰 원(대원)이다. 따라서 구면에서는 직선은 경계가 없지만 유한하므로 유클리드의 두 번째 공리가 성립하지 않는다. 또한 중심에 관한 대칭점을 지나는 직선은 무수히 많을 뿐 아니라 모든 직선은 만나므로 평행선은 없다.

타원기하학에서는 다음 사실이 성립한다.

(1) 임의의 직선 ℓ과 ℓ 위에 있지 않은 임의의 점 P에 대하여 P를 지나서 ℓ과 평행인 직선은 없다.
(2) 삼각형의 내각의 합은 180도보다 크다.

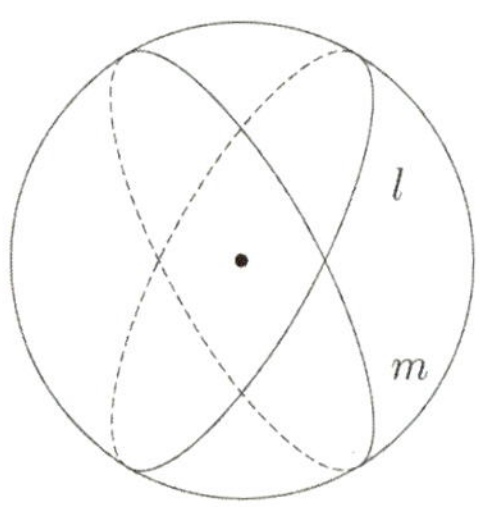

[그림 12] 리만모형

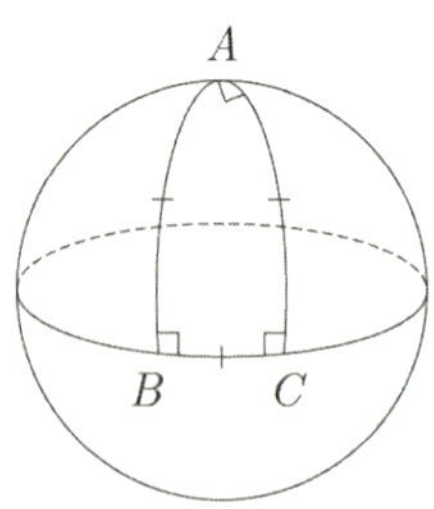

[그림 13] 타원기하학에서 삼각형

(3) 사각형의 내각의 합은 360도보다 크다.

(4) 두 삼각형이 닮은꼴이면 그들은 합동이다.

[그림 12] 또는 [그림 13]에서 보듯이 볼록 나온 면에서 삼각형을 그리면 내각의 합은 180도보다 크게 된다.

> 주어진 직선 위에 있지 않은 한 점을 지나고 주어진 직선에 평행한 직선이 없다면, 삼각형의 내각의 합은 180도보다 크다.

상대적 진리와 삼가재상

이처럼 수학의 진리는 절대적인 진리가 아니라 상대적인 진리이다. 하물며 세상살이인들 절대적으로 옳은 것은 없다. 똑같이 벌어진 일을 계집종 예쁜이가 자기 위주로 설명하니까 예쁜이가 옳다고 생각되고, 곱단이 역시 자기 위주로 설명하니까 곱단이가 옳은 것처럼 생각된다. 마찬가지로 황희 정승의 부인 말도 옳은 것이다.

[그림 14]를 보자. 심리 테스트를 하는 데 많이 사용하는 그림이다. 똑같은 그림을 보았는데 보는 사람의 생각에 따라 어떤 사람은 귀부인이라 하고 다른 사람은 마녀라 한다. 누가 옳은가? 의견이 다르다고 한쪽이 틀렸다고 할 수 있는가? 배경 또는 가정에 따라 평행선이 없을 수도, 하나뿐일 수도, 많을 수도 있다. 삼각형의 내각의 합이 180도라는 것은 옳다. 그러나 그것만이 옳은 것은 아니다. 작을 수도, 클 수도 있다. 배경을 무시하고 자신의 주장만 하면 끊임없는 논쟁이 벌어지고 다툼만 커진다. 모든 것이 우긴다고 될 일은 아니다.

[그림 14] 귀부인과 마녀

종교도 상대적으로 볼 수 있으면 평화롭게 공존할 수 있다. 하느님과 예수에 근거한 종교는 기독교, 부처님과 석가모니에 근거한 종교는 불교 그리고 알라와 무함마드에 근거한 종교는 이슬람교로 인정하는 것이다. 자신의 종교의 기준으로 다른 종교를 판단하지 말아야 한다.

황희 정승은 세 사람을 천천히 둘러보며 다음과 같이 말했다.

“사람은 제 잘못은 생각하지 않고, 제가 잘한 일만을 쳐드는 법이다. 각자 잘한 일만 나에게 고해바치니, 나도 모두 다 잘했다고 할 수밖에 다른 수가 있는가?”

이와 같이 무슨 일에나 긍정적으로 생각하고 남에게 자신의 주관적 의견을 내보이지 않을 때 삼가재상(三可宰相)이라 한다. 폭넓게 알면 그만큼 보이는 것이 많고 판단을 바르게 할 수 있다. 항상 상대방의 입장에서 생각하면 자존심도 상하지 않고 다툼없이 잘 해결할 수 있다. 수학의 모든 결과가 상대적인 진리라는 것을 알고 항상 남의 처지에서 한 번 더 생각하는 역지사지의 마음을 가질 때 우리는 다툼이 없이 평화롭게 살 수 있다.

07

고생 끝에 즐거움

$$\int_0^b 고통(t)dt = \int_b^d 쾌감(t)dt$$

필자는 뉴질랜드 남섬의 중심 도시인 크라이스트처치(Christchurch)의 캔터베리 대학교(University of Canterbury)에서 방문교수로 1년간 지낸 적이 있었다. 2003년 7월부터 다음 해 7월까지였다. 뉴질랜드의 자연은 거의 훼손되지 않고 잘 보존되어 있으며 많은 지역이 원시상태 그대로 보존되어 있었다. 우리나라는 자연환경을 파괴하면서 경제적 이득을 취하는데 반해 뉴질랜드는 자연환경을 보존하면서 관광을 나라의 주요한 정책으로 삼아 경제적 이득을 취하고 있었다. 결과적으로 뉴질랜드의 후손들은 그들의 선조가 남긴 자연환경의 혜택을 계속 누릴 수 있겠지만 우리나라의 후손들은 그들의 선조가 잘 먹고 남긴 쓰레기를 청소하느라 힘든 세월을 보낼 것 같은 걱정이 들었다.

뉴질랜드는 남북한 모두 합한 우리 한반도보다 좀 더 큰 영토에 우리의 1/20도 채 안 되는 인구가 살고 있으니 그들의 생활은 바쁜 것과는 큰 차이가 있었다. 주민들은 여유 있어 보였고 삶을 즐기는 것 같았다. 푼돈으로 골프를 즐길 수 있고 주말이면 늘 다양한 스포츠가 곳곳에서 행해졌다. 이른바 레저스포츠의 천국이다.

맥주회사가 주관하며 매해 2월에 열린 '스파이츠의 해안과 해안삼종경기(Speight's Coast to Coast Multisports Race)'는 특별한 감동을 주었다. 이 대회는 뉴질랜드 남섬의 서해안 쿠마라(Kumara) 해변에서 출발하여 우리의 대관령보다 훨씬 높은 아서스 고개(Arthur's Pass)를 넘어 동해안의 크라이스트처치까지 가는 1박 2일의 매우 힘든 대회이다. 카약으로 67km의 계곡물을 따라 가고 36km에 이르는 산길을 달리며 자전거로 140km의 도로를 주행하는 경기이다. 이 대회에 나와 비슷한 나이의 지인이 참가해 완주하는 것을 직접 봤다.

나는 이미 11월에 '켄터베리 봄철 하프 마라톤' 대회에 참가해 약 21.1km를 2시간 5분 29초의 기록으로 완주했다. 그런데 그의 스파츠 삼종경기 완주는 나에게 멀기만 했던 마라톤 완주의 꿈을 심어주었다. 그래서 6월 6일에 열리는 영국의 엘리자베스 2세 여왕(Elizabeth II)을 기념하는 크라이스트처치 마라톤 대회에 도전하기로 결정했다. 근 100일을 매일같이 조금씩 거리를 늘려가며 연습했다. 몸 구석구석이 아프고 탈이 났다. 그것을 모두 극복하고 참가했다.

대회가 시작되면서 처음 25km까지는 룰룰라라였다. 거의 힘도 들지 않았고 즐기면서 달렸다. 그러나 30km가 되자 다리는 경직되기 시작했다. 뒤쳐진 사람들이 계속 나를 앞서갔다. 다리는 점점 뻣뻣해지고 한 걸음 한 걸음이 고통의 연속이었다. 견디기 어려울 정도였다. 도대체 내가 왜 이걸 시작했나 하는 후회가 밀려왔다. 주변에 아는 사람들 모두에게 광고를 해놨으니 그만둘 수도 없었다. 아테네의 승전을 알리려 달려간 아테네 병사가 원망스럽기까지 했다. 도착지점이 멀리 보이면서 달리기보다는 거의 발을 질질 끌다시피 가며 결국 테이프를 끊었다. 완주를 하자 밀려드는 기쁨은 그동안 겪은 고통을 충분히 상쇄하고도 남았다. 기록은 4시간 36분 17초. 마라톤 완주는 내 일생의 가장 좋았던 3대 사건의 하나가 되었다. 그중에서도 특히 마라톤 완주는 내 인생에서 가장 큰 고통을 나에게 보여 주었고 또한 그 이상으로 성취욕을 만끽하게 해줬다.

고생은 사서도 한다

생활이 안정되고 경제가 점차 좋아지면서 비만은 현대인의 가장 큰 걱정거리 중 하나가 되었다. 자동차와 도로의 발달로 걷는 일이 줄어들고 식생활의 양식이 변하면서 몸은 점점 불어난다. 비만을 해결하기 위해 다이어트와 식이요법도 하지만 많은 사람들은 운동에 관심을 갖게 된다. 필자도 마라톤을 준비하면서 몸무게와 허리 둘레가 10%나 줄었다.

운동을 크게 두 가지로 나누어 보면 상대방과 함께 즐길 수 있는 것과 오직 자신과 겨루며 힘든 것을 참으면서 자유를 만끽하는 것이 있다. 전자에 해당하는 경우는 축구, 농구, 테니스, 골프 등을 들 수 있고, 후자에 해당하는 경우는 달리기, 산악자전거, 등산, 삼종경기 등을 들 수 있다.

달리기를 재미있어 하는 사람은 별로 없다. 살을 빼고 체력을 좋게 하기 위해 힘든 것을 참고 꾸준히 달릴 뿐이다. 즉, 자신과의 경쟁이다. 장거리 달리기를 하다 보면 달리는 것 자체가 점점 고통스러워지는 것을 알 수 있다. 그러나 그 고통을 감내하며 달리다가 멈추었을 때, 숨은 차지만 고통이 사라진 그 느낌은 너무도 좋다. 특히 마라톤을 하다 보면 시간이 지나갈수록 그 고통은 이루 말할 수 없이 커지지만, 완주를 하면 그 고통이 없어지는 쾌감과 아울러 성취감을 포함하는 즐거움은 인생의 그 무엇과도 바꿀 수 없다.

산악자전거를 타는 경우 자전거를 타고 산을 올라가기도 하지만 끌고 갈 때도 있고 심지어는 메고 갈 때도 있다. 가파른 곳을 끌기도 하고 메고 가기도 하는 그 힘든 과정은 정상에서 심호흡하고 경치를 즐기며 다시 내려 달리는 기쁨을 준다. 오르막의 고통은 내리막의 환희로 바뀐다.

등산도 그렇다. 우스개 말로 "내려올거 뭐하러 올라가냐"며 야유도 한다. 하지만 등산을 하는 이유는 정상에 올라가 본 사람만이 그 이유를 알 수 있다. 오르는 것이 어려울수록 정상에서 맛보는 즐거움은 정말 크다. 상쾌한 바람을 마시고 멀리 펼쳐진 경치를 구경하면서 잠시 숨을 돌릴 때 그동안 느꼈던 고통은 어느새 사라진다.

철인삼종경기와 트라이애슬론(triathlon)이라고 하는 경기도 역시 그렇다. 철인삼종경기는 1978년 하와이에서 성행하던 와이키키 바다수영 3.9km와 하와이 도로사이클 180.2km 그리고 호놀룰루 국제마라톤(42.195km)의 3개 대회를 한 사람이 쉬지 않고 경기하도록 구성한 데서 유래했다. 대회 제한시간인 17시간 이내에 완주하면 철인(iron man)의 칭호를 받는다. 올림픽 종목인 트라이애슬론은 수영 1.5km와 자전거 40km, 그리고 달리기 10km를 이어서 한다. 수영을 하고 난 후 자전거를 타고 그리고 마지막으로 달리기를 하는 이 운동은 세 가지의 힘든 운동을 함께하는 것으로, 이 역시 매우 힘들지만 완주할 때 오는 기쁨 또한 말할 수 없이 좋다.

하지 않아도 될 고생을 사서 하는 이유는 그 후에 오는 기쁨을 만끽하기 위해서가 아닐까? 운동을 꾸준히 하면 몸이 좋아지지만 재미가 없으면 오래 지속하기 어렵다. 오랜 시간 지속된 그 고통을 한방에 날려주는 쾌감이 있기에 나는 이러한 운동을 좋아한다. 운동은 하면 할수록 체력이 보강되어 고통은 점차 줄어들고 즐거움은 점점 커진다.

고통과 쾌감의 양을 합하는 적분

이와 같은 고통과 쾌감의 관계를 수학으로 알아볼 수 있다. 시간 t에 따라 느끼는 고통과 쾌감은 시간에 따라 다르다. 따라서 시간 t에 따라 고통을 느끼는 함수를 $y=$고통(t)라 하고, 쾌감을 느끼는 함수를 $y=$쾌감(t)라고 하자. 그러면 고통이나 쾌감을 당하고 있는 시간 동안 느끼는 모든 어려움이나 즐거움을 적분을 이용해 알아 볼 수 있다.

고통을 처음 느끼는 시간을 0이라 하고 끝나는 시간을 b라고 하면 그동안 느낀 고통을 모두 합한 것은 적분 기호를 사용하여 $\int_0^b 고통(t)dt$로 나타낼 수 있다. 그리고 쾌감이 시작되어 끝나는 시간까지를 d라고 하면 그동안에 느낀 쾌감은 $\int_b^d 쾌감(t)dt$로 나타낼 수 있다. 사람의 정신적, 육체적 환경에 따라 다르겠지만 고생 끝에 낙이 온다고 하니 고생한 사람이 억울하지 않게 이 둘을 서로 같다고 보자. 즉, 고생한 만큼 즐거움이 오는 것으로 보면 다음과 같은 식을 얻는다.

$$\int_0^b 고통(t)dt = \int_b^d 쾌감(t)dt$$

고통을 느끼는 시간은 대체로 길지만 쾌감을 느끼는 시간은 짧게 느껴진다. 마라톤의 경우 일반인은 4시간 넘게 달리며 꾸준히 고통을 받지만 완주를 하고 쉬면서 즐거움을 느끼는 시간은 훨씬 적다는 뜻이다. 즉, b와 d의 간격은 b보다 훨씬 작다. 그러므로 위 식이 성립하려면 쾌감의 강도가 고통보다 훨씬 커야 한다. 그 뜻은 비록 시간은 짧을지라도 쾌감의 크기는 모든 고통을 상쇄하고도 남을 정도로 크다는 것이다.

에를 들어 보자. 고통을 느끼는 함수를 아주 단순하게 만들어서 시간이 갈수록 일정하게 힘들어진다고 하자. 즉, 처음부터 10시간 동안 느끼는 고통의 양은 시간에 비례하는 $고통(t) = \frac{1}{2}t$라 하자. 10시간 후 고통이 사라지는 순간(계산의 편의를 위해 1시간 동안이라 하자.)에 쾌감을 균등하게 느낀다고 하자. 그러면 시간이 지날수록 느끼는 고통의 양은 $\int_0^{10} \frac{1}{2}t\,dt = 25$이다. 이와 같은 양의 쾌감을 1시간에 균등하게 모두 느끼므로 쾌감은 상수이고 이를 c라고 하면 $\int_{10}^{11} c\,dt = 25$가 된다. $25 = \int_{10}^{11} c\,dt = c\int_{10}^{11} dt = c$이므로 $c = 25$가 되어 쾌감의 강도는 한 시간 내내 25가 된다.

$$\int_0^{10} \frac{1}{2} t dt = 25$$

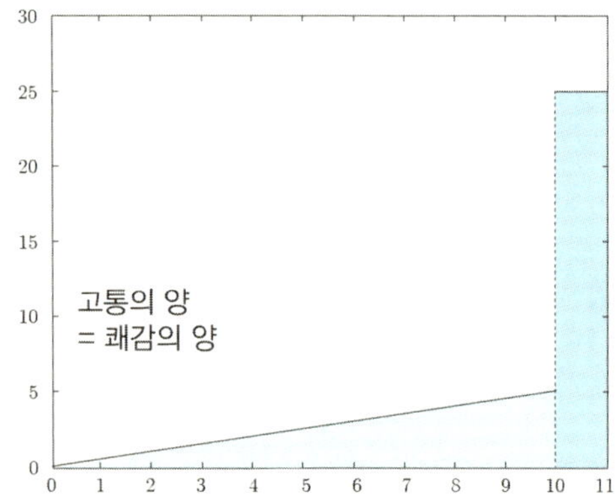

[그림 1] 고통의 양 = 쾌감의 양

[그림 1]에서 직사각형의 밑변 길이에 해당하는 쾌감을 느끼는 시간이, 삼각형의 밑변의 길이에 해당하는 고통을 느끼는 시간보다 10배는 크므로 쾌감을 느끼는 그 강도는 고통을 최고로 느낄 때보다 5배 이상 크다. (사각형의 면적은 밑변의 길이 곱하기 높이이지만, 삼각형의 면적은 밑변의 길이 곱하기 높이의 절반이다.) 쾌감을 느끼는 시간이 순간이라면 순간에 일어나는 쾌감은 더욱 엄청나게 커진다. 그래서 그동안 겪었던 어렵고 힘들었던 모든 것을 다 잊어버리고 순간에 즐거움을 얻는다. 이 순간의 즐거움은 시간이 지나도 계속 즐거움의 여운을 남겨준다.

이 맛에 사람들은 달리기를 하고 등산을 하고 산악자전거를 탄다. 아울러 인생이 어렵고 힘들더라도 감내하고 희망을 갖고 노력하면 지난날의 어려움을 상쇄하고도 남을 만큼 좋은 날이 올 것이다. 불교에서는 선행을 베풀라고 가르친다.

즉, 덕을 쌓으라는 것이다. 덕을 쌓는 것이 복을 짓는 것이다. 평범한 사람에게는 덕을 쌓는 것이 자신의 이득을 취하는 것보다 힘들 수 있다. 그러나 힘들여 덕을 베풀면 자기가 베푼 덕만큼 또는 복을 짓는 만큼 나중에 다 돌려받는다. 자신이 못 받으면 자식이 받을 것이다. 자기가 베푼 덕은 차곡차곡 쌓인다. 마찬가지로 자기가 저지른 악행 역시 차곡차곡 쌓인다. 이것이 적분이다. 자신이 못 받으면 자식이 또는 후손이 자신이 행한 덕이든 악행이든 다 물려받게 된다. 그래서 복을 받으려 하지 말고 복을 주어야 한다. 새해 인사는 이렇게 바꾸는 것이 어떨까?

"새해 복 많이 지으세요."

08

종교의 최고 가르침은 이웃 사랑

$$\int \delta(t-t_0)g(t)dt = g(t_0)$$

지리산에는 지리산의 정취와 옹기종기 모여 있는 마을을 돌아볼 수 있는 둘레길이 있고 제주도에는 제주만의 독특한 맛을 느낄 수 있는 올레길이 있다. 언제부턴가 전국에 산책길을 만드는 것이 유행이 되었다. 등산을 한다면 반드시 산 정상을 올라가야 하는 것으로 생각되었으나 이제는 주변을 산책하며 사람과 소통하는 것이 새로운 등산의 개념으로 자리잡고 있다. 특히 제주 올레길의 모델인 프랑스에서 스페인으로 넘어가는 '산티아고로 가는 길(Cameno de Santiago)'이 관심을 끌고 있다.

한 달을 넘게 걸어야 완주할 수 있어 끈기를 요구하는 이 낭만적인 산티아고로 가는 길에는 역사적인 슬픔이 있다. 이 길은 9세기 초 아스투리아스 왕국의 알폰소 2세가 예수의 형제로 알려진 성 야고보의 무덤에 성당을 세우고, 야고보를 스페인의 수호성인으로 봉하면서 유럽에 알려졌다. 유럽 기독교 국가들의 시민들이 성지 순례에 나서면서 자연스레 이베리아 반도를 지배하고 있던 이슬람 세력을 축출하기 위한 국토수복운동(Reconquista)으로 연결되었다.

1189년에 교황 알렉산더 3세는 스페인의 기독교를 지원하기 위해 야고보의 묘를 성지로 선포하고 산티아고로 가는 길을 걷는 사람의 죄를 감해준다는 칙령을 발표하여 수많은 기독교인들이 몰려들었다. 그들 중 일부는 이슬람 세력과 싸우게 되고 기독교 세력은 점차 확장되었다. 1492년, 스페인의 페르난도와 이사벨라 여왕은 이슬람 최후의 거점인 그라나다를 정복함으로써 국토회복운동을 완성하였다.

이 길은 스페인의 국토를 회복하는 데 매우 큰 기여를 했으나 그 과정에서 큰 비극이 벌어졌다. 이사벨라 여왕은 스페인을 가톨릭 국가로 만들기 위해 인종청소에 가까울 정도로 이슬람교 신자와 유대교 신자들을 축출했다. 개종을 거부하는 이교도를 화형에 처하거나 재산을 몰수하고 국외로 추방시켰다. 가톨릭의 탐욕으로 일어난 십자군전쟁 때도 역시 이 길을 통하여 십자군이 예루살렘으로 갔고 많은 희생자가 생겼다.

스페인의 가톨릭 세력은 20세기까지 이어졌으며, 스페인의 가톨릭 교회는 1936년 좌파 연립정권인 합법정부를 인정하지 않고 프랑코의 파시스트 세력을 지원했다. 그러다 프랑코가 사망하자 가톨릭이 국민의 반감을 사며 영향력을 상실할 것을 우려한 교황 요한 바오로 2세가 1987년에 이 길을 거쳐 산티아고를 방문하여 다시 세상에 알려졌다고 한다.

이 길을 걸으면서 이와 같은 역사적 사실을 되새겨 보는 것은 어떨까? 겉으로만 이웃 사랑을 부르짖는 종교인에 의해 희생된 수많은 영혼들을 떠올리며 평화와 종교에 관한 생각에 잠겨 보는 것은 어떨까?

참다운 종교의 교리는 이웃 사랑

세계의 주요 3대 종교 중 가장 일찍 생긴 불교의 가르침 중에 '육 바라밀'이 있다. 그중 처음 나오는 보시(布施)란 "남을 대할 때는 주는 마음으로 대하고, 보수 없는 일을 연습하는 것으로 생각하는 것이 탐심을 제거하는 보시 바라밀이다"라고 가르친다. 또한 세 번째로 나오는 인욕(忍辱)은 "모든 사람을 부처님으로 보며 부처님의 인욕을 배우고 깨쳐볼 일이니 이것이 치심을 제거하는 인욕 바라밀이다"라고 가르친다.

재물이 아닌 마음으로 하는 7가지 보시인 무재칠시(無財七施)는 남을 대할 때 "항상 얼굴에 화색을 띠고, 말에 친절을 담으며, 따뜻한 마음으로 대하고, 웃는 눈빛으로 보며, 물으면 친절히 잘 가르쳐 주고, 앉은 자리를 양보하며, 잠자리를 깨끗하게 해주라"고 가르치고 있다.

그 다음 생긴 기독교를 살펴보자. 기독교 신자라면 반드시 지켜야 하는 10계명에는 이웃에 대한 사랑을 담은 내용이 자그마치 6개 조항이나 있다. "너희 부모를 공경하라, 살인하지 말라, 간음하지 말라, 도둑질하지 말라, 이웃에게 불리한 거짓증언을 하지 말라, 네 이웃의 재물을 탐내지 말라."

신약성서를 보면 예수님이 말씀하신 것 중 가장 중요한 말도 "네 이웃을 사랑하라"이다. 곳곳에 이와 비슷한 말이 많이 나온다. "원수를 사랑하고 너희를 박해하는 사람들을 위해 기도하라", "내가 바라는 것은 나에게 동물을 잡아 바치는 제사가 아니라 이웃에게 베푸는 자선이다", 잃은 양 한 마리를 비유하면서 "하늘에 계신 너희의 아버지께서는 이 보잘것없는 사람들 가운데 하나라도 망하는 것을 원하시지 않는다", "'네 이웃을 네 몸같이 사랑하라'는 둘째 계명도 첫째 못지않게 중요하다" 그리고 "너희가 여기 있는 형제 중에 가장 보잘것없는 사람 하나에게 베푼 것이 바로 나에게 베푼 것이다"

이슬람교는 관용의 종교라 한다. '이슬람'이란 아랍어는 원래 순종과 평화를 뜻한다. 이슬람교의 창조자는 알라이다. 무함마드(일명 마호메트)가 창시한 것이 아니라 다만 그를 통해 알려진 것이다. 주요 경전에는 기독교에서 사용하는 예수의 복음서가 들어 있다. 가장 중요한 경전인 《꾸란》(영어식 표현은 '코란')은 "종교에는 강제가 있을 수 없다"고 하여 신앙의 자유를 강조한다. 따라서 이슬람교는 유대교의 여호와나 기독교의 하느님 같은 다른 교의 유일신을 배척하거나 차별하지 않는다. 모두가 같은 유일신인 만큼 숭배하라고 한다. 참고로 유대교와 기독교 그리고 이슬람교는 모두 셈족이 만든 종교로 유대교의 여호와와 기독교의 하느님 그리고 이슬람교의 알라는 결국 같은 존재이다. 이슬람을 관용의 종교라 하는 것은 인간은 원래가 착한 존재이므로 실수나 죄, 불의 같은 것은 일시적인 것으로 용서할 수 있다는 이슬람의 종교적 이념에서 온 것이다. 이슬람의 생사관은 삶의 아름다움을 구가하고, 현세에서 선행과 삶을 오래 즐길 것을 권장하며, 원죄가 아닌 후천성에서 비롯된 죄는 자진 회개하고 알라의 용서를 빌며, 헛된 죽음을 하지 말라는 것이다.

이슬람의 호전성을 상징하는 "한 손에는 꾸란, 다른 손에는 칼을"이란 말은 사실이 아니고 조작된 것이다. 이 말을 처음으로 사용한 사람은 13세기 중엽 십자군이 이슬람 원정에서 최후의 패배를 당하던 시기의 이탈리아 신학자 토마스 아퀴나스이다. 십자군 전쟁이나 기독교인의 아메리카 침략을 잘 살펴보면 오히려 "한 손에는 성경, 다른 손에는 칼"이 훨씬 더 어울린다.

불교도 타 종교를 배척하지 않는다. 석가모니 부처님은 이미 그 당시 있던 민족 종교의 신앙을 오히려 장려하였다. 불교를 숭상한 인도의 아소카왕은 다음과 같은 칙령을 발표했다.

> "누구나 자신의 종교만을 숭앙하고 다른 종교를 저주해서는 안 된다. 여러 가지 이유로 다른 종교도 존중해야 한다. 자신의 종교를 전파하면서 다른 종교에도 봉사해야 한다. 그렇지 않으면 누구나 자신의 종교에 무덤을 파는 것이며 다른 종교에 해를 끼치는 것이다. 다른 종교의 가르침이나 교의에도 귀를 기울이라."
>
> – 백찬홍, 《종교의 안부를 묻는다》, 평사리, 2010, 146쪽

이처럼 대부분의 종교는 타 종교를 비난하지 않고 이웃 사랑을 그 근본 교리로 한다. 그러므로 우리가 부처님이나 하느님이나 알라를 믿는다면 그들이 가르치는 '이웃 사랑'을 몸소 실천해야 한다. 여기서 이웃이란 같은 종교를 믿는 신자들만 말하는 것이 아니다. 종교와 관련 없이 생명이 있는 모든 중생을 뜻한다.

자신의 종교를 선교함에 있어서 절대 무력을 동원하거나 강제로 개종시켜서는 안 된다. 신자의 행동 하나하나 그 됨됨이로 사람들은 그가 믿는 종교를 판단하게 된다. 따라서 신자들의 생활 그 자체 하나하나가 선교를 대신한다. 참된 신자라면 어떻게 자기들의 삶이 자신이 믿는 종교를 나타내는지 수학을 통해 살펴보자.

절대자를 나타내는 디랙 델타 함수

면적이 1인 직사각형이 있다. 면적은 그대로 유지하고 밑변을 점점 작게 해주면 그 직사각형의 높이는 점점 커진다. 즉, 밑변의 길이가 1이면 높이는 1이 되고, 밑변의 길이가 1/2이 되면 높이는 2가 된다. 일반적으로 밑변의 길이가 $2a$이면 높이는 $1/2a$이 된다. 밑변에 따라 높이가 달라지므로 이 직사각형의 높이를 밑변에 대응하는 함수로 나타낼 수 있다.

t_0를 중심으로 반경 a인 구간을 밑변이라고 하자. 그러면 밑변의 길이는 $2a$이다. 함수 $y=\delta_a(t-t_0)$는 구간 $(t_0-a,\ t_0+a)$에서 크기가 $\frac{1}{2a}$이고 그 구간 밖에서는 0이 된다고 하자. 이 함수를 디랙 델타(Dirac delta) 함수라 한다. 그러면 이 함수로 둘러싸인 직사각형의 면적은 항상 1이므로 이 함수를 실수 위에서 적분한 값은 a와 t_0에 관계없이 항상 1이다. 즉,

$$\int \delta_a(t-t_0)dt = 1$$

$y=\delta_a(t-t_0)$는 a가 0으로 가까이 가면 점차 t_0을 제외한 모든 곳에서는 0이 되고 0에서는 그 값이 존재하지 않게 된다. 그러나 면적은 a에 따라 변하지 않으므로 a가 0으로 가까이 가도 면적은 변함없이 1이다. 다시 말하면 $t_0=0$인 경우 $y=\delta_a(t)$는 $(-a,\ a)$에서 함숫값이 $\frac{1}{2a}$이 되어 $a=2,\ 1,\ \frac{1}{2},\ \frac{1}{4}$과 같이 점점 a가 작아질수록 그래프는 다음과 같이 0이 아닌 구간은 점점 좁아지나 그곳에서 함숫값은 점점 커진다.

그러나 둘러싸인 면적은 변하지 않으므로 $y=\delta_a(t)$의 적분값은 a에 따라 변하지 않고 항상 1이다. 즉, a가 0으로 가까이 감에 따라 $y=\delta_a(t)$가 가까이 가는 그 실체는 보이지 않을 뿐, 항상 존재한다. 마찬가지로 a가 0으로 가까이 갈

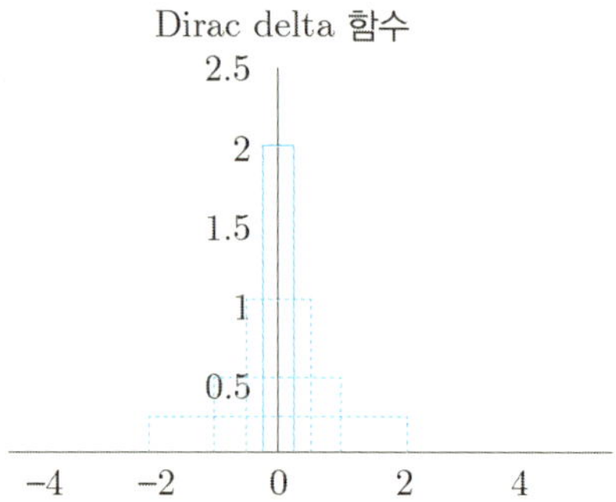

때 $y=\delta_a(t-t_0)$이 가까이 가는 그 함수를 $\delta(t-t_0)$이라고 하자. 그러면 $y=\delta(t-t_0)$은 t_0이 아닌 곳에서는 모두 0이지만 실수 위에서 그 면적은 항상 1이다. 즉, $\int \delta(t-t_0)dt=1$이다. 다시 말하면 $y=\delta(t-t_0)$은 마치 절대자처럼 어느 곳에서도 보이지는 않으나 항상 존재한다.

이 함수 $y=\delta(t-t_0)$가 t_0에서 유한하고 연속인 함수 $g(t)$와 만나면 자신의 존재를 t_0에서 $g(t)$의 함숫값 $g(t_0)$으로 다음과 같이 나타낸다.

$$\int \delta(t-t_0)g(t)dt=g(t_0)$$

“ $\int \delta_a(t-t_0)dt=1,\ \int \delta(t-t_0)g(t)dt=g(t_0)$ ”

절대자는 어느 곳에서나 그를 믿는 사람을 통해 나타난다

종교를 믿는 사람들에게 자신이 믿는 절대자는 이 세상에 늘 존재하지만 그 실체는 보이지 않는다고 믿는다. 그러나 성경에 따르면 하느님은 예수라는 인간의 형태로 이 세상에 태어나 그 실체를 보여주었다. 그러나 그가 죽고 부활한 후에는 아직까지는 그러한 일이 없고 단지 재림하기를 기다리고 있다.

디랙 델타 함수 $\delta(t-t_0)$는 t_0를 제외한 모든 수에서는 0이고 t_0에서는 정의되지 않아 그 실체는 볼 수가 없지만, 적분한 값은 항상 존재하므로 그 존재감은 분명히 있다. 따라서 디랙 델타 함수는 이 세상 어느 곳에서나 존재하는 절대자로 생각할 수 있다. 함수 $g(t)$는 사람이 어떤 곳 t에서 하는 행동을 나타낸다고 하자. 함수 g는 신앙을 가진 모든 사람으로 볼 수 있고, $g(t)$는 어떤 지점 t에서 그 사람이 하는 행동이라고 생각할 수 있다.

우리 인간은 유한한 존재이므로 현재 있는 장소 t에서 나타내는 행동을 $g(t)$라고 할 수 있다. 참다운 신앙을 가졌다는 것은 절대자를 믿는 것이며, 그 사람(g)이 있는 곳(t_0)에서 절대자와 함께 하는 마음으로 보여주는 행동은 $\int \delta(t-t_0)g(t)dt$로 나타낼 수 있다. 그런데 $\int \delta(t-t_0)g(t)dt = g(t_0)$이므로 절대자의 실체는 보이지 않고 신앙을 가진 사람의 행동만 보여진다. 즉, 절대자는 자신을 믿는 그 사람의 행동을 통해 자신의 모습을 보여준다. 절대자는 변하지 않는다. 다만 사람과 장소가 다를 뿐이다. 각자의 행동이 자신이 믿는 종교의 내면을 보여주는 것이다. 따라서 자신의 행동이 올바르지 못하면 그것은 자신이 믿는 종교를 욕되게 하는 것이다. 그러나 자신이 올바른 행동을 하면 다른 사람은 그러한 행동을 보고 그 종교를 믿게 되는 것이다.

$f(t_0) = g(t_0)$라는 것은 서로 다른 사람이라도 그들이 같은 장소에서 하는 행동은 같을 수 있다는 것이다. 우리가 신앙을 갖는다는 것은 우리의 몸과 행동을

통하여 우리가 믿는 절대자의 생각을 나타내는 것이다. 이것을 잘 나타낸 성경 구절이 〈마태복음〉 5장 16절이다. "너희의 빛이 사람들 앞을 비추어 그들이 너희의 착한 행실을 보고 하늘에 계신 너희 아버지를 찬양하게 하여라."

예수의 삶 그 자체가 하느님을 보여주는 것이다. 사람들은 예수가 하는 행동을 보고 그가 믿는 하느님을 믿게 된다. 예수는 헐벗은 이웃을 위해 살았다. 그러기 위해서 자신들이 거룩하고 깨끗하다고 믿었던 당시 기득권 세력에 대항하게 됐고 결국 십자가에서 처형됐다.

이 세상에는 거짓된 신앙인이 너무도 많다. 어느종교든지 살인을 절대적으로 금하고 있다. 그럼에도 불구하고 그럴듯한 핑계를 대며 자신들이 믿는 신의 이름으로 살인을 하거나 또는 살인하게 만드는 무리들이 너무도 많다.

진실된 신앙인일수록 자신이 믿는 절대자가 가르친 대로 살도록 노력해야 한다. 종교를 불문하고 으뜸인 신앙의 가르침은 이웃 사랑이다. 당신이 이웃을 사랑할 때 당신의 모습을 통해 당신이 믿는 절대자의 모습이 나오는 것이다.

미친 운전사로부터 핸들을 빼앗아야 한다

독일의 성직자 본회퍼(Dietrich Bonhoeffer, 1906~1945)는 1933년 히틀러가 권력을 잡고 있을 때 라디오 방송을 통해 국민들을 잘못된 길로 인도할 지도자를 우상처럼 떠받드는 것의 위험성을 경고하며 나치 정권에 대항하였다. 그는 다음과 같이 말하면 히틀러 암살을 꾸미는 반나치 저항 운동에 참여했다.

> "만일 어떤 미친 운전사가 사람들이 많이 다니는 인도 위로 차를 몰아 질주한다면 목사인 나는 희생자들의 장례나 치러주고 가족들을 위로하는 일만이 나의 유일한 임무라 생각하지 않습니다. 나는 그 자동차에 뛰어올라 그 미친 운전사로부터 핸들을 빼앗아야 할 것입니다."
>
> – 오강남, 《종교, 심층을 보다》, 현암사, 2011, 245쪽

성직자로서 그는 암살 음모에 가입하는 것 자체가 죄가 되지만 그 죄를 다른 사람과 다음 세대를 위해 어쩔 수 없이 자기가 떠맡아야 한다고 생각했다. 체포된 본회퍼는 1945년 4월에 교수형을 당했다. 그의 사상은 그리스도가 나를 위해 서라기보다는 우리를 위해, 결국에는 타인을 위해 사신 분이라며 타인을 위한 존재라는 점을 강조하였다.

> "값싼 은혜는 우리 교회의 치명적인 적이다. 오늘 우리의 싸움은 값비싼 은혜를 얻기 위한 싸움이다. 값비싼 은혜는 예수의 십자가를 지고 가는 것인데, 값싼 은혜는 예수의 십자가를 타고 가려는 것이라 할 수 있다."
>
> – 오강남, 《종교, 심층을 보다》, 현암사, 2011, 245쪽

09

사형보다 피해자의 마음을 더 달래주는 종신노역형

$$\int \delta(t)dt = 1$$

법 또는 권력의 힘으로 사람의 목숨을 빼앗는 사형제도는 사람들이 국가를 만든 이후 오늘날까지 이어오는 아주 오래된 제도이다. 거의 모든 종교가 살인을 저지르지 말라는 가르침을 가지고 있음에도 불구하고 국가는 사형을 집행했다. 그것도 아주 잔인하게 집행하는 경우가 많았다. 지금은 사라졌지만 예전에 어떤 기독교 국가에서는 화형을 시행하기도 하였다. 그런 그 현장을 바라보는 일반 시민들은 열광적으로 환호했다. 그렇지 않은 시민은 조용히 남이 보지 않는 곳에서 눈물을 훔쳤다.

반기문 유엔 사무총장은 2012년 7월에 "생명권은 가장 기본적인 인권이며, 국제 인권법의 핵심적인 부분에 자리 잡고 있다. 아무리 법적 절차에 의한 것이라고 하더라도 생명을 앗아가는 일은 인간이 인간에게 하기엔 너무나 절대적인, 결코 되돌이킬 수 없는 일이다."라고 말했다.

사형 폐지는 국제적인 흐름

사형을 당한 그 수많은 사람들이 모두 사형을 당할 만한 범죄자였을까? 자신이 저지른 일이 사형을 당할 만하다고 생각한 사람이 얼마나 될까? 정치적인 이유로, 무고에 의해서, 재판관의 어리석음과 탐욕에 의해서 아무런 잘못도 없이, 또는 힘이 없고, 권력이 없어 죽은 사람은 얼마나 될까? 나중에 이들의 무죄가 입증이 되었을 때 그들에게 사형을 선고한 많은 관련자들이 처벌받거나 회개하는 경우가 얼마나 될까? 이미 사형당한 사람들과 그들의 유가족에겐 어떠한 보상이나 배상도 충분하지 않을 것이다.

사형을 시행하는 이유는 범죄자에 대한 처형의 본보기를 보여주는 것이다. 피해자의 마음을 달래주고, 다른 사람들이 다시는 그러한 범죄를 저지르지 못하게

하기 위해 공개적으로 그리고 매우 잔인하게 집행되곤 했다. 그럼에도 불구하고 천인공노할 범죄들은 잠시 수그러질 뿐, 단 한 번도 완전히 사라진 적은 없다. 비록 그러한 범죄가 발생할 때마다 범죄자를 극형으로 다스려야 한다는 여론이 우세하지만, 봉건국가를 벗어난 민주주의 국가에서 과연 국가가 인간의 생명을 빼앗을 권리가 존재하는가는 항상 논의되어 왔다. 더욱 문제가 되는 것은 피해자가 없음에도 국가의 안보를 내세우는 정치적인 목적으로 사회를 공포 분위기로 몰아 정권을 유지하기 위해 사형을 집행하는 경우가 많다는 것이다. 우리나라의 경우 대표적인 법이 바로 국가보안법이다.

'세계사형반대의 날'은 2003년 10월 10일에 제정되었다. 현재 전 세계 국가들 중 2/3 이상이 법적으로 또는 사실상 사형을 폐지하였으며, 사형을 폐지하겠다는 움직임을 보이는 국가들도 점차 늘어나고 있다. 2012년 8월을 기준으로 전 세계 198개국 중 140개국이 법적으로, 또는 사실상 사형을 폐지했고 58개국만 사형존치국으로 분류되고 있다. 140개국 중 모든 범죄에 대한 사형을 폐지한 나라가 97개국, 일반 범죄에 대한 사형을 폐지한 나라가 8개국이며 사실상 사형을 폐지한 나라가 35개국이다. 우리나라에도 사형제도는 있지만 김영삼 정부가 1997년에 23

명의 사형을 집행한 이후 김대중 정부부터 지금까지, 한 번도 사형을 집행하지 않아 국제사면위원회(Amnesty)에 의해 사실상 사형폐지국가로 분류되어 있다.

2011년에 사형을 집행한 나라는 중국과 미국을 포함하여 10%에 불과한 20개 나라로 10년 전에 사형을 집행한 28개국에 비하면 그 수가 감소했다. 세계에서 가장 많은 수의 사형집행이 이루어지는 아시아·태평양 지역과 중동 그리고 북아프리카 지역에서도 사형을 집행하고 선고하는 국가의 수는 최근 몇 년간 줄어들고 있어 10년 전에 비해 사형 선고 수는 약 1/3 이하로 감소했다. 유럽과 구소련 국가들 중 사형을 집행하는 유일한 국가는 벨라루스뿐이고, 아프리카는 지난 10년간 사형을 폐지한 나라의 수가 가장 많은 지역이 되었다. 최근 몇 년간 사형을 집행한 나라의 수는 평균적으로 5개국에 불과했다.

세계 최대의 사형집행국은 중국으로 매년 수천 명을 사형시키고 있다. 중국에서 사형에 관련된 수치들은 국가기밀로 분류되고 있다고 하는데, 2011년 알려진 것만 해도 나머지 사형 집행국에서 처형된 사람들의 수를 모두 합친 것보다 더 많은 사람들이 사형을 당했다. 최고의 민주주의 국가를 표방하면서 동시에 기독교를 믿는 시민이 대다수인 미국은 2010년 국제사면위원회의 자료에 따르면 불명예스럽게도 세계 5위의 사형집행국으로 나타났다. 미국에서는 2011년에 43명에 대한 사형을 집행했다. 미국은 미주 지역 및 G8 회원국 중 사형을 집행하는 유일한 국가다. 미국에서 사형을 법으로 금지한 주는 워싱턴 DC와 12개 주뿐이며 대다수의 많은 주가 사형을 허용한다. 사형수가 가장 많은 주는 텍사스로 대량살상무기를 갖고 있다는 확실하지 않은 정보를 근거로 이라크를 침략하여 수많은 사람들을 살상한 미국의 전 대통령 조지 부시가 바로 텍사스 출신이다. 2위와 3위 그리고 4위는 이란과 북한 그리고 예멘이 차지했다. 그러나 미국이나 일본 같은 나라를 제외한 대부분의 민주주의 국가에서는 국제적인 흐름에 따라 사형제도를 폐지하고 있다. [그림 1]과 [그림 2]는 2012년 3월 국제사면위원회가 발표한 자료이다.

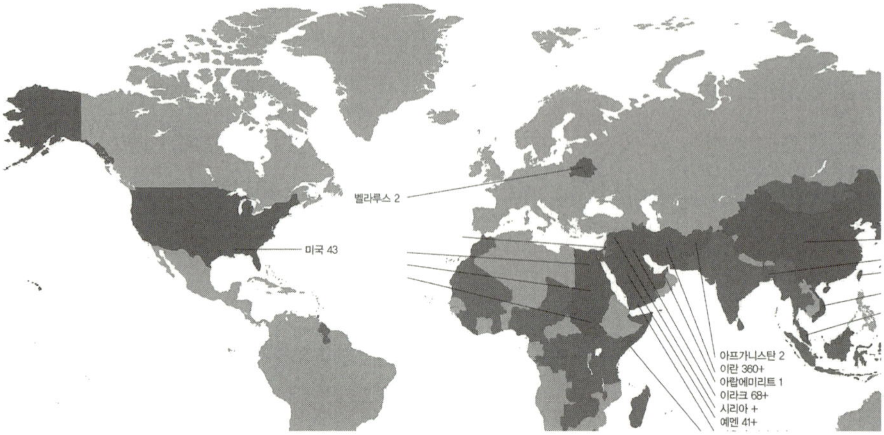

2001~2011년 세계 사형선고 및 사형집행 현황

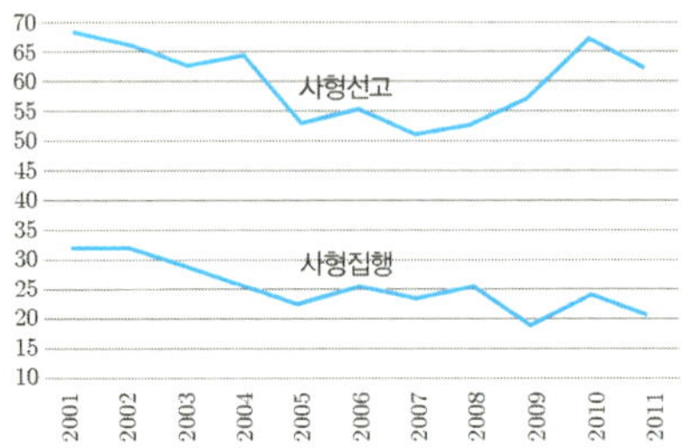

모든 범죄에 대한 사형폐지국 추이

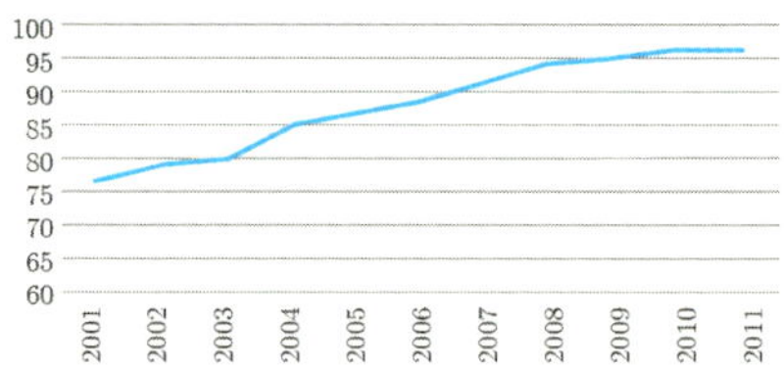

■ 사형집행과 사형선고가 있던 국가. 숫자는 사형집행 건수

■ 사형선고만 있었던 국가

나라 이름 뒤 숫자와 "+"가 있을 경우, 이는 국제앰네스트가 추산한 숫자가 최소치임을 의미한다. 숫자 없이 "+"만 있을 경우, 해당 국가가 (한 건 이상) 사형을 선고했거나 집행했으나 구체적인 수치를 파악하지 못한 경우이다.

이 지도는 각국의 국경과 관할 영토에 대한 일반적인 위치만을 표시할 뿐이며, 영토 분쟁이 있는 지역에 대한 국제앰네스티의 견해를 나타내는 것은 아니다.

문서번호 : ACT 50/001/2012　　국제앰네스티 2012년 3월

[그림 1] 2011년 사형선고와 사형집행

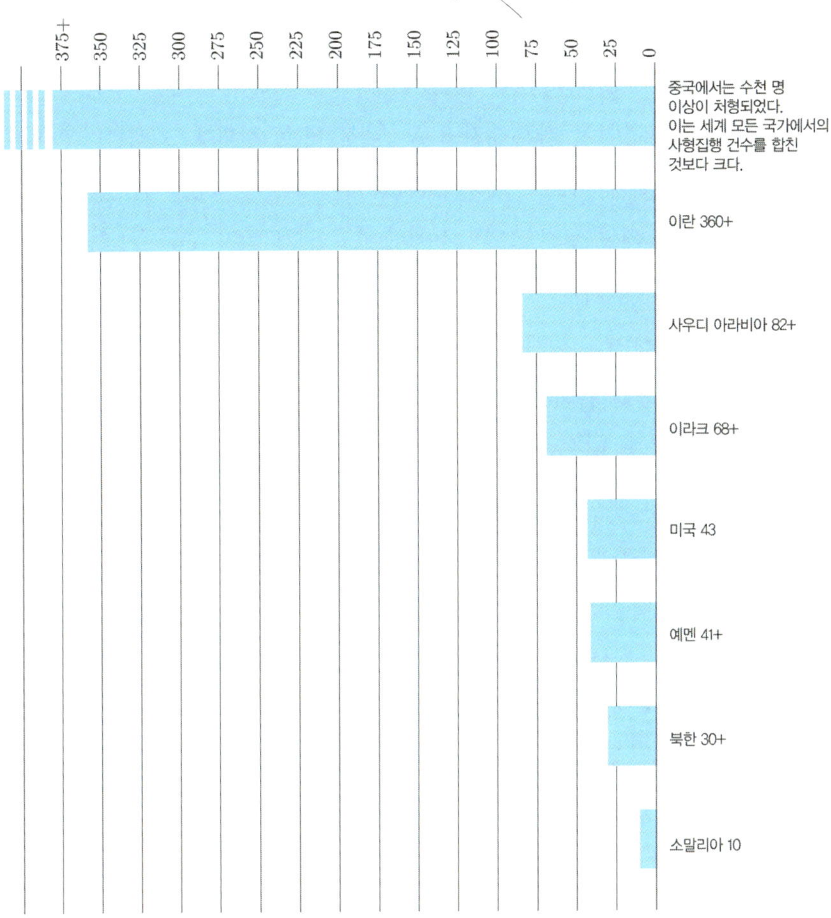

[그림 2] 2011년 최상위 사형집행국

체사레 베카리아(Cesare Beccaria, 1738~1794)에 따르면 형벌의 목적은 "오직 범죄자가 시민들에게 해악을 입힐 가능성을 방지하고, 타인들이 유사한 행위를 할 가능성을 억제시키는 것"이다. 따라서 범죄를 예방하는 가장 효과적인 방법은 형벌의 잔혹성이 아니라 형벌의 확실성에 있고, 형벌이 잔혹해질수록 범죄자는 그 처벌을 피하기 위해 위험을 무릅쓰게 되며 잔혹한 형벌은 그 자체가 범죄자를 더욱 대담하게 만드는 것이다. 그뿐 아니라 형벌이 잔혹해질수록 그에 비례하여 인간의 마음은 점점 잔혹성에 무감각해진다.

형벌은 범죄자가 형벌을 통해 받은 해악이 범죄로부터 얻는 이익을 넘어서는 정도면 충분하다. 형벌이 잔혹해지면 두 가지 나쁜 결과를 초래한다고 한다. 하나는 아무리 잔혹하게 해도 인체의 기관과 감각으로 견뎌낼 수 있는 한계를 넘어설 수 없기 때문에 그보다 훨씬 흉악한 범죄가 생겼을 경우, 기존보다 더 잔혹한 형을 고안하는 것 자체가 불가능하다는 것이다. 그래서 범죄와 형벌 간에 적정한 균형을 유지하기 곤란해진다는 것이다. 다른 하나는 잔혹한 형벌은 일시적인 볼거리만 될 뿐 시간이 지나면 잊혀진다는 것이다.

역사적으로 형벌을 아무리 잔인하게 집행했어도 인간이 범죄를 저지르는 것을 근본적으로는 막지 못했다. 사형은 한 사람의 시민에 대한 국가의 전쟁으로 볼 수 있다. 체사레 베카리아는 한 시민의 죽음이 필요하다고 간주될 수 있는 경우는 그의 존재 자체가 기존의 정부형태에 위험한 혁명을 일으킬 수 있는 경우와 한 사람의 죽음이 타인의 범죄를 억제하는 유일한 방법일 경우라고 말한다.

전자의 경우는 특히 정치적으로 악용되어 정적을 살해하는 데 이용될 소지가 매우 높고 역사는 그것을 증명해왔다. 비록 정치사범이 아닌 일반사범에 의해 피해당한 사람의 마음을 이해 못하는 것은 아니다. 그러나 피해자의 마음을 헤아리는 것보다는 사형제도의 부작용을 막는 것이 더 중요하므로 사형제도는 폐지되어야 한다.

정치적으로 악용되는 사형제도

정치적으로 사형제도가 악용된 경우는 전 세계에 헤아릴 수 없을 정도로 많다. 우리나라도 예외는 아니었다. 해방 이후 사형제도가 어떻게 악용되었는지 시대

순으로 살펴보자.

1949년 6월 육군 소위 안두희는 백범 김구 선생을 암살했다. 정치적인 목적으로 암살했지만 분명히 살인을 저지른 것이다. 그러나 당시 특무대장 김창룡 등 그를 비호하는 세력에 의해 특별대우를 받았다. 안두희는 사형이 아닌 종신형을 선고 받았으나 15년형으로 감형됐다. 그리고 한국전쟁이 터지자 육군장교로 복직했으며 대령으로 예편했다.

1956년 1월 허태영 대령은 특무대장 김창룡을 암살했다. 김창룡은 해방 전에는 만주에서 일본 헌병을 지낸 친일파로 수많은 독립투사를 투옥하고 고문했으며, 해방 후에는 특무대장으로 이승만의 총애를 받아 정치적인 사건을 조작하고 군대 내에서 군통수권과 지휘권을 유린한 자였다. 안두희와는 달리 허태영은 사형선고를 받고 집행되었다. 허태영은 "나의 행동은 이토 히로부미를 암살한 안중근 의사의 거사와 같은 것이다"라고 주장했으며, 함께 공모한 신초식은 "김구 선생을 살해한 안두희가 백주에 명동거리를 활보하도록 허용하고 있는 이 나라의 법률이 도대체 어떻게 나를 죽일 수 있단 말인가"라고 항변하였다.

거의 모든 민중의 사랑과 존경을 받고 있던 애국지사 백범 선생을 죽인 암살범은 백주에 명동거리를 활보하도록 허용하게 하고 친일파 김창룡을 죽인 암살범을 사형에 처한 것은 당시의 정치 논리가 명백히 개입된 것이다. 같은 살인을 저질렀어도 정권의 비호를 받는 자는 살아남고, 정권의 눈에서 벗어난 자는 죽은 것이다. 군대를 떠난 이후에도 안두희는 강원도 양구 등에서 군대에 물건을 납품하는 특혜를 받아 부자로 잘 살았다. 결국 보다 못한 박기서라는 아주 평범한 시민이 반성하지 않는 안두희를 1996년 몽둥이로 때려 죽였다.

1959년 당시 진보당 당수 조봉암의 사형이 집행되었다. 그는 해방 전에는 독립을 위해 헌신한 애국지사였으며 해방 후에는 국회부의장과 초대 농림부장관을 지냈다. 조봉암은 1956년 제3대 대통령 선거에서 자유당이 저지른 엄청난 부정선거에도 불구하고 유효투표의 30%에 달하는 215여 만 표를 획득하여 이승만의 정적으로 떠올랐다. 이승만과 자유당은 조봉암이 장기집권과 독재체제에 위협이 된다고 판단했다. '평화통일'을 주장하는 진보당의 강령을 빌미 삼아 국가보안법 위반 혐의로 그를 구속했다. 1심에서 무죄판결을 받자 법원에 압력을 가해 항소심과 최종심에서 모두 사형선고를 이끌어 냈다. 재심 청구마저 1959년 7월 30일 기각되고 다음 날 바로 교수형 당했다. 그는 2007년 재심 청구에서 무죄 판결을 받았다. 그러나 조봉암은 이미 죽고 없었다.

1961년 5·16 군사 쿠데타를 일으킨 박정희 군부세력은 〈민족일보〉 사장 조용수를 연행했다. 그리고 10월 31일 사형을 최종 확정하고 집행했다. 그를 사형에 처한 이유는 조용수가 일본에 있는 조총련 자금을 받아 〈민족일보〉를 창간하고 무분별한 평화통일론을 주장하여 북한을 이롭게 했다는 것이다. 조용수는 일간신문 〈민족일보〉를 발행했다. 그 신문은 "민족의 진로를 가리키는 신문, 부정과 부패를 고발하는 신문, 노동대중의 권익을 옹호하는 신문, 양단된 조국의 비원을 호소하는 신문"을 표방하며 평화통일을 주창하였다. 조용수를 사형시킨 이유는 미국으로부터 공산주의자로 의심받던 박정희가 그 의혹에서 벗어나기 위해 조용수를 희생양으로 삼았다는 견해가 있다. 2008년 1월 재심에서 조용수에게 47년 만에 무죄를 선고했다. 그러나 이 선고로 그를 되살릴 수는 없었다.

1975년 4월 8일 대법원은 시인 도예종 등 8명에 대한 사형을 확정하고 국방부는 기습적으로 사형을 집행했다. 이른바 인민혁명당(인혁당) 사건이다. 인민혁명당 사건은 1974년 4월 군사독재에 맞서 대학생들이 궐기하자 당시 중앙정보부가 국가보안법 위반 등의 혐의로 23명을 구속기소했으며, 법원은 이 중 8명에게는 사형, 15명에게는 무기징역 및 징역 15년의 중형을 선고한 사건이다. 사형이 선고된 8명은 대법원 상고가 기각된 지 하루도 지나지 않아 형이 집행됐다. 이 사건은 중앙정보부가 1974년 유신반대 투쟁을 벌였던 전국민주청년학생연맹(민청학련)을 수사하면서 배후·조종세력으로 '인혁당 재건위'를 지목하고, 이를 북한의 지령을 받은 남한 내 지하조직이라고 조작한 사건이다. 그러나 2005년 12

월 '국가정보원 과거사건 진실규명을 통한 발전위원회'는 자체 조사결과, 인혁당 사건이 박정희 대통령의 자의적 요구에 의해 미리 수사방향이 결정돼 집행된 것이라고 발표했다. 조사 결과에 따르면 1964년 1차 인혁당 사건 당시 반국가 단체라고 발표된 인혁당은 대학생 서클 수준의 단체였으며 수사 과정에서 각종 고문이 자행됐다는 점이 인정됐고, 2차 인혁당 사건의 중심이었던 '인혁당 재건위'는 실제로 존재하지 않은 것으로 조사됐다. 2007년 1월 서울중앙지법은 사형이 집행되었던 8명에게 무죄를 선고했다.

1980년 당시 중앙정보부장 김재규가 내란목적 살인 및 내란미수죄로 사형선고를 받고 사형 당했다. 그는 중앙정보부장으로 재직하면서 당시 박정희 대통령을 시해했다. 이른바 1979년 '10·26 사태'이다. 이 사건에 대해 박정희 정권의 후예들은 박정희로부터 은총을 입은 제2의 권력자가 내부 불만 때문에 배신한 모반이라고 주장한다. 한편 다른 의견을 가진 사람들은 10·26 사태가 많은 국민의 희생을 사전에 막은 정당방위라고 보고 김재규를 의인으로 평가한다. 군사재판에 참여한 변호인단은 모두 김재규에 대한 역사 재평가를 주장하고 있으며, 이들은 김재규를 고대 로마시대의 공화정을 회복시키기 위해 자신의 은인이며 직속상관인 시저를 살해한 브루투스에 비유하기도 한다. 그는 최후 진술에서 "국민의 희생을 막기 위해 대통령 한 사람을 제거했다"고 밝히고 1980년 5월 광주시민항쟁을 예언했다. 그는 "민주화를 지연시키다간 1980년 4월이나 5월경 국가적 혼란사태가 올 수 있다"고 경고했다. 앞선 재심의 결과처럼 시간이 지나다 보면 김재규에 대한 평가도 달라질 수 있다. 하지만 그는 이미 죽었다.

사형제도의 가장 큰 문제점은 앞서 예를 들었듯이 무고한 사람이 사형되는 것이다. 영화 〈그린마일〉이나 2013년에 개봉된 우리나라 영화 〈7번방의 선물〉을 보면 무고한 사람이 어떻게 사형될 수 있는지 잘 보여주고 있다. 〈그린마일〉에서는 치유의 초능력을 가진 거대한 흑인이 죽어가는 백인 여자애를 살리려고 시도한 것이 선입견을 가진 백인들에 의해 오해를 사 살인자로 몰려 사형당한 것을 보여준다. 〈7번방의 선물〉에서는 무고한 정신지체 장애인이 자기 딸을 지키려는 부성애를 악용해 그를 살인자로 몰아 사형을 시킨다.

사형제도는 범죄억제효과보다 피해자의 감정에 치우치는 경우가 많다. 사형제도를 실시하는 나라에서 범죄율이 줄어들었다는 통계는 없다. 사형제도의 시행과 범죄율 변화 사이의 관계에 관한 2002년도의 유엔의 연구 결과에 따르면 사형제도에 대한 의존성을 낮춘다고 해서 범죄율이 갑자기 심각해지지는 않는다는 것을 설득력 있게 제시한다. 현재 사형폐지국의 범죄 수치가 사형이 폐지되면서 사회 안정에 악영향을 줄 정도로 높아졌다는 주장을 뒷받침하지 못하고 있기 때문이다. 캐나다의 경우 10만 명당 살인율은 1975년 3.09로 가장 높은 수치를 나타내었으나 사형제도를 폐지한 이후에는 지속적으로 감소하고 있다. 사형을 폐지한 지 27년이 지난 2003년의 살인율은 1975년과 비교하여 약 44%가 낮아진 10만 명당 1.73을 기록하는 등 2003년의 강력범죄 발생률이 사형제도가 존재했던 1975년에 비해 44%나 감소였다. 미국의 경우 2004년 사형제도가 있는 주의 평균 살인사건 발생률은 10만 명당 5.71건이었던 데 반해 사형제도가 없는 주에서는 10만 명당 4.02건이었다.

사형은 극도로 잔인하고 비인도적인 형벌이다. 사형제도는 인권에 대한 도전이다. 사형은 인간의 생명권을 정면으로 부정하며 국가에 의한 사법살인에 불과하다. 사형제도가 존속한다고 해도 잔혹한 범죄는 해가 갈수록 더 심해진다. 사형제도의 효과는 분명하지 않지만 문제점은 분명하다.

사형보다 더 고통스러운 종신노역형

체사레 베카리아가 말한 한 시민의 죽음이 필요하다고 간주될 수 있는 한 경우로써 '한 사람의 죽음이 타인의 범죄를 억제하는 유일한 방법일 경우'를 살펴보자. 과연 사형만이 유일한 방법일까? 인간의 정신에 무엇보다 큰 효과를 끼치는 것은 형벌의 강도라기보다는 그 지속성이라 할 수 있다. 범죄에 대한 가장 강력한 억제력은 범죄자가 처형당하는 장면을 목격하는 데서 생겨나는 것이 아니라, 그보다는 자유를 박탈당한 채 자신의 노동으로 그가 사회에 끼친 손해를 속죄하는 모습을 오래 보게 하는 것이 더 효과적이지 않을까? 사형이 주는 인상이 아무리 대단하더라도 급속한 망각의 힘을 이겨낼 수 없기 때문이다.

사형을 받을 만한 흉악한 범죄자에게 거기에 합당한 고통을 줄 뿐 아니라 일반시민에게 경각심을 일으키게 하는 형벌은 사형일까? 종신노역형일까? 사형은 한 순간에 모든 고통을 집결시키고 종신노역형은 일생에 걸쳐 고통이 분산된다. 오랫동안 강제 노역에 시달리는 것은 순간에 사형을 집행하는 것보다 시민들에게 더 큰 공포를 안겨줄 수 있다.

인간의 정신은 일시적 고통에 대해서는 전력을 다해 버텨내지만, 장기간 반복되는 지루함과 비참함을 이겨낼 만한 탄력성은 갖고 있지 못하다. 또한 사형제도가 있는 국가에서는 본보기를 제공할 필요가 있을 때마다 사형에 처할 만한 범죄가 생겨야 한다. 그러나 종신노역형은 단지 한 범죄자만 있어도 그를 통해 일련의 지속성을 보여줄 수 있다. 이것이 사형을 폐지해야 하는 첫 번째 이유이다.

사형수는 죽는 날만 기다리다 죽는 그 순간에 엄청난 고통을 느끼며 죽는다고 할 수 있다. 따라서 사형은 앞서 설명한 디랙 델타 함수 $\delta(t)$로 표현할 수 있다. 사형$=\delta(t)$이다. 이 함수는 0에서는 무한히 큰 수를 갖지만 0을 제외한 모든 곳에서는 0이 된다. 따라서 0을 죽는 순간이라 생각하면 디랙 델타 함수는 죽는 그 순간에 엄청나게 큰 고통을 받지만 죽기 전이나 죽은 후에는 전혀 고통을 느끼지 않는다는 뜻이다. 하지만 종신노역형은 죽는 순간만큼의 큰 고통을 주지 않을지라도 죽을 때까지 강제노동해야 하므로 그 고통은 그가 살아있는 동안 계속된다.

> $$\int \delta(t)dt = 1$$

사형은 죽는 그 짧은 순간에 최고의 고통을 당하는 것이므로 적분의 개념으로 보면 사형수가 느끼는 고통의 양은 $\int \delta(t)dt$라고 볼 수 있다. 종신노역형은 죽을 때까지 오랜 기간 끊임없이 적당한 고통을 당하는 것으로 적분의 개념으로 보면 무기수가 느끼는 고통의 양은 $\int \text{노역형}(t)dt$라 볼 수 있다. 아무리 고통의 강도가 강할지라도 느끼는 그 순간이 짧으면 고통의 양은 작을 수 있고, 고통이 그리 크지 않더라도 느끼는 시간이 길면 전체적으로 느낀 고통의 양은 더욱 클 수 있다.

이처럼 사형을 받을 때의 고통의 양은 일정하므로 강제노역의 강도를 높여 평생 강제노역으로부터 나오는 고통의 합이 사형을 받을 때의 그 고통보다 더 크게 할 수 있다.

$$\int \text{노역형}(t)dt > \int \text{사형}(t)dt$$

그러므로 굳이 사형을 집행할 필요가 없다. 피해자의 보복심을 순간적으로 만족시켜 주지는 못할지라도 사형보다는 종신노역형이 수형자에게는 더욱 큰 벌이 될 수 있기 때문이다. 피해자는 가해자에게 아주 큰 고통을 주고 싶어 한다. 그래서 극형인 사형에 처하고 싶어 한다. 그러나 사형은 종신노역형보다 고통을 덜 준다는 것이다. 그러므로 감정적으로 생각하지 말고 이성적으로 판단하면 사형보다는 종신노역형에 처하는 것이 피해자가 원하는 것에 더 가까운 것일 수 있다.

일반시민에게 경각심을 일깨워주는 본보기로도 한 순간의 볼거리인 사형보다는 오래 지속되는 종신노역형이 더욱 좋은 형벌이라 할 수 있다. 따라서 길게 보면 사형보다는 종신노역형이 피해자의 마음을 더 헤아려 줄 수 있다. 이것이 사형을 폐지해야 하는 두 번째 이유이다.

사형이 아닌 다른 형벌은 후에 무죄로 판결나면 이미 지나간 고난의 세월은 어쩔 수 없지만 다른 방법을 통해 보상해 줄 수 있다. 그러나 사형은 정치적으로 이용되어 정적을 살해하는 데 악용될 수 있고, 또는 잘못된 판단으로 사형에 처해지면 나중에 범인이 잡히더라고 그것은 돌이킬 수가 없게 되는 매우 큰 약점이 있다. 이 점이 다른 모든 형벌과의 차이점이다. 〈그린마일〉이나 〈7번방의 선물〉에서 보여주는 것처럼 유능한 변호사를 살 능력이 없거나 편견을 가진 판검사를 만나는 많은 사람들은 억울하게 죽음을 당하는 경우가 많다. 이것이 사형을 폐지해야 하는 가장 중요한 이유이다. 정치적으로 악용되는 경우를 막을 수 있고 잘못된 판단으로 사라져 간 생명을 구할 수 있기 때문이다. 1998년과 2002년에 로저 후드 교수는 유엔의 의뢰를 받아 '사형제도와 살인범죄율의 연관성'에 대한 연구를 수행했다. 그는 "사형이 종신형보다 살인을 예방하는 효과가 크다는 가설을 받아들이는 것은 신중하지 못하다."(The Death Penalty: Word, A World-wide Perspective, 2002)는 연구 결과를 발표했다. 즉, 사형제도가 살인을 예방하는 데 있어서 종신형보다 효과가 크다고 볼 수 없다는 것이다.

어떤 사람들은 피해자의 가족들을 위해서라도 사형제도가 필요하다고 한다. 또한 가해자의 죽음을 지켜보는 것이 피해자 가족의 권리라고 주장한다. 하지만 가족이 살해된 유가족 모두가 범인을 사형시켜야 한다고 요구하지는 않는다. 살인사건으로 가족을 잃은 이들이 가해자를 사형시켰다고 해서 사랑하는 사람을 잃은 상실감을 치유해주지 않는다. 살인사건의 피해자 유가족은 범죄와 죽음을 마주하게 된다. 그들이 슬픔과 상실감을 이겨내고 삶을 다시 시작하기 위해 도와

야 하는 것이 중요한다. 복수는 답이 되지 못한다. 그 답은 폭력을 줄이는 것이다. 가해자를 죽여 또 다른 슬픈 가족을 만들어내는 것이 아니다. 폭력의 악순환을 깨뜨려야 한다. 우리가 가해자를 사형시키려고 하는 것보다는 정말로 관심을 둬야 하는 것은 피해자 가족들에게 진정으로 도움이 되는 경제적이고 정서적인 지원이다. 진정한 해답은 범죄예방을 위한 방법을 찾는 것이지, 또 다른 살인 피해자 가족을 만들어내는 것이 아니다.

루소(Jean Jacques Rousseau, 1712~1778)는 그의 《사회계약론》에서 "어떤 사람이 살아 있는 한 위험이 되는 경우를 제외하고는, 그를 사형에 처할 어떠한 권한도 없다. 타인에게 본보기를 제공하기 위해서라고 해도 사형할 권한은 없다." 고 했다. 천인공노할 범죄를 당한 피해자의 한 서린 마음을 푸는 데도 순간에 그치는 사형보다는 두고두고 고통을 겪고 죗값을 치르게 하는 종신노역형이 범죄자를 사형시키는 것보다는 더욱 효과적이라고 본다. 사형을 폐지하는 대신 종신노역형 등의 형벌로 대체하고 국가는 살인 피해자의 유가족에 대해서는 배려와 보상을 할 필요가 있다.

10

신의 세계를 능가하는 수학의 세계

$$n < 2^n$$

인류가 생긴 이래로 나약한 존재인 인간은 자연의 위대함을 알면서 신을 의지하게 되었다. 강력한 자연에 두려움을 갖고 있는 인간은 인간의 능력을 훨씬 뛰어넘으면서 만물을 지배할 수 있는 그 무언가가 필요했다. 그래서 인간은 신을 찾았고 만들었다. 인간이 처한 자연 환경에 따라 다양한 신들이 존재했다. 불교나 기독교와 같은 종교가 생기기 전에는 태양이나 동물 또는 자연의 형태를 숭상했다.

성경에 의하면 "태초에 말씀이 있었다."고 한다. 구약성서에 근본을 둔 유대교가 생기면서 신은 오직 한 분이 되었다. 다양한 신을 믿던 사람들에게 오직 신은 하나뿐이라는 유일신 사상이 나타났다. 이것을 이어 받은 종교가 기독교와 이슬람교이다. 기독교인들이 "태초에 말씀이 있었다."에 대한 사실 여부를 떠나서 무조건 이 말을 믿는 것처럼 인간은 오직 믿음으로 신을 대할 뿐이다. 신은 존재하지만 볼 수도, 만질 수도, 따질 수도 없기 때문이다.

어떠한 종교를 믿든 공통적인 점은 인간은 유한하고 신은 무한하다는 것이다. 유한한 인간은 자신들의 방법으로 신을 대하려 한다. 유한한 인간은 절대 살아서 신을 만날 수 없다. 바벨탑을 쌓아 신에게 가까이 가려 했지만 소용이 없었다. 단지 마음으로 느낄 뿐이다.

인간은 유한하고 신은 영원하다. 그러므로 인간들이 사는 세상을 유한한 세상이라 하고 신들이 사는 세상을 무한한 세상이라고 해도 큰 무리가 없다. 수학도 유한과 무한을 다룬다. 일상생활에서 사용되는 셈은 모두 유한한 것으로 볼 수 있다. 그러나 무한히 많은 것은 유한한 것과 그 성질이 다르다.

무한은 이상한 세상

당근이 10개 있고 말이 10마리 있다고 하자. 당근과 말은 서로 다르지만 수학적으로 같은 것이 있다. 개수가 서로 같다는 것이다. 당근의 수도 10개, 말의 수도 10개이다. 말 하나에 당근을 하나씩 주면 남는 것 없이 모든 말에게 먹일 수 있다. 이러한 경우 그 둘의 개수는 같다고 한다. 하지만 말이 15마리이면 5마리가 먹지 못한다. 이러한 경우 당근의 수가 말의 수보다 작다고 하거나 또는 말의 수가 당근의 수보다 크다고 한다.

각각의 수가 유한개인 경우 하나씩 짝지어서 서로 남는 것이 없이 딱 떨어지면 두 수는 같다고 하고, 한쪽이 남으면 남은 쪽의 수가 다른 쪽의 수보다 더 크다고 한다. 이와 같이 두 집합 간에 하나에 하나씩 모두 짝지을 수 있으면 두 집합은 일대일 대응이라 하고, 일대일 대응이 되는 두 집합은 원소의 개수가 서로 같다고 한다.

유한의 세계에서 전체가 아닌 부분은 항상 전체보다 그 수가 작다. 예를 들면, 남녀가 섞여 있는 학급에서 남학생만 모으면 항상 그 수는 학급 전체 학생 수보다 작다. 그러므로 유한의 세계에서는 전체가 아닌 한 부분을 전체에 일대일 대응시킬 수 없다. 그러나 무한히 많은 세계에서는 이야기가 조금 달라진다. 수학자 칸토어(G. Cantor)는 무한을 아래와 같이 정의했다.

> "전체가 아닌 부분을 전체에
> 일대일 대응시킬 수 있으면 무한이라 한다."

우리는 자연수가 무한히 많음을 알고 있고 증명할 수도 있다. 만약에 자연수가 유한하다면 가장 큰 수가 있을 것이다. 그러나 그 가장 큰 수에 1을 더하면 더 커지니 가장 큰 수라는 것에 모순이 따른다. 즉, 아무리 큰 자연수를 택해도 그보다 더 큰 자연수가 항상 존재하니 자연수는 무한할 수밖에 없다. 자연수가 무한하다면 칸토어가 정의한 것처럼 자연수 전체가 아니면서 그 수가 자연수 전체의 수와 같은 자연수의 부분이 존재해야 한다. 그런 것은 얼마든지 있다.

예를 들자. 자연수 전체를 N이라 하고 짝수 전체를 E라고 하자. 분명 짝수는 자연수 전체가 아닌 자연수의 부분이다. 그러나 자연수와 짝수 사이에는 일대일 대응을 맺을 수 있다. 어떤 자연수를 택해도 그것을 두 배하면 짝수가 된다. 어떤 짝수를 택해도 그것을 반으로 나누면 자연수가 된다. 그러므로 자연수와 짝수 사이에는 일대일 대응이 존재한다.

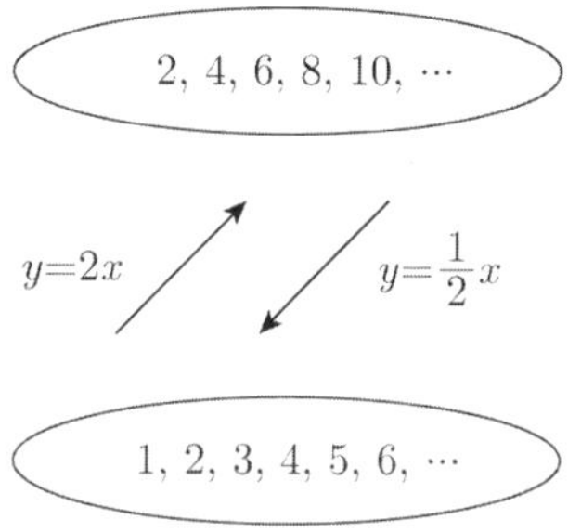

따라서 짝수는 자연수와 같지 않은 부분이지만 자연수 전체와 일대일 대응이 된다. 그러므로 자연수는 무한이다. 자연수가 무한이므로 자연수와 일대일 대응을 하는 짝수 역시 무한이다. 그러면 자연수의 개수와 짝수의 개수는 어느 쪽이 더 큰가? 이 물음에 답하기 위해 이제 '집합'이라는 친숙한 수학 용어를 사용하자.

집합은 확실한 대상의 모임이라 할 수 있다. 두 집합의 원소 개수가 같다는 것은 두 집합 사이에 일대일 대응이 있을 때라고 했다. 모든 자연수 n에 대해 하나의 짝수 $2n$이 존재하고, 모든 짝수 n에 대하여 $\frac{n}{2}$을 대응시킬 수 있으므로 자연수와 짝수 간에는 일대일 대응이 된다. 그러므로 두 집합의 원소 개수는 서로 같다. 따라서 짝수는 분명 자연수 전체가 아니면서 자연수에 포함되지만 그 개수는 서로 같다. 마찬가지로 홀수의 개수도 자연수와 같다.

이와 같은 일은 유한의 세계에서는 결코 일어날 수 없다. 유한의 세계에서는 전체가 아닌 부분은 반드시 전체보다 작기 때문이다. 그러나 무한의 세계에서는 유한의 세계에서 일어날 수 없는 일이 일어난다. 즉, 전체가 아닌 부분이 반드시 전체보다 작다고 할 수 없으며 같을 수도 있다는 것이다. 무한의 세계에서는 다음과 같은 일도 일어날 수 있다.

> "어느 날 밤 늦은 시간에 여행객이 '빈 방 없음'이라고 불 밝힌 호텔에 들어가 방이 있는지 물었다. 주인은 '미안하군요. 빈 방은 없어요. 하지만 잠시 기다려보세요. 어쩌면 방을 내드릴 수 있을지도 모르겠군요.'라고 말했다. 그러면서 주인은 각 방에 있는 손님들에게 그들의 방을 옆방으로 옮겨달라고 방송했다. 1호실은 2호실로, 2호실은 3호실로 … 그러고는 주인은 손님에게 1호실을 내주었다."

방이 유한개만 있는 호텔이라면 이러한 일은 결코 일어날 수 없다. 위와 같이 방이 무한히 많은 호텔을 힐베르트(Hilbert) 호텔이라고 한다.

로마의 황제이자 철학자였던 마르쿠스 아우렐리우스는 "무한은 그 속으로 모든 것이 사라져 가는, 알 수 없는 심연이다."라고 했고, 레오나르도 다 빈치는 "자기 자신을 드러내지 않으며, 만일 자기 자신을 드러낸다면 동시에 존재하지 않게 될 그것은 무엇인가? 그것은 무한이다."라고 하였다. "어떤 것이 무한하다고 말할 때, 우리가 의미하는 것은, 다만 그것의 끝과 경계를 파악할 수 없다는 것일 뿐이다."라며 토머스 홉스가 말했고, "무한은 한계지을 수 없고 어둡고 경계 없는 바다이다."라며 존 밀턴이 말했다.

유한의 세계에서는 가장 작은 수와 가장 큰 수가 존재한다. 기원전 500~428년에 살았던 아낙사고라스는 "가장 작은 수와 가장 큰 수는 존재하지 않는다. 다만 모든 수에 대해서 그보다 더 큰 수와 더 작은 수가 존재할 뿐이다."라며 무한의 세계를 표현하였다.

기원전 4세기에 제논은 무한에 관해 '제논의 역설'을 내놓았다.

> "달리기 선수가 한 곳에서 다른 곳으로 움직이려면 그는 우선 그 두 곳 사이의 절반을 달려야 하고, 그 다음 남은 거리의 절반을 달리고, 그 다음 다시 남은 거리의 절반을 달려야 하는데, 이 과정은 무한히 계속된다. 이것은 무한 번의 과정을 요구하기 때문에 달리기 선수는 절대로 목적 지점에 도착하지 못한다."

이 제논의 역설은 무한에 관한 두려움을 잘 나타낸다. 물론 제논은 달리기 선수가 유한한 시간이 흐른 후 목적지에 도달할 수 있다는 것을 안다. 하지만 무한이 포함된 위 논증을 설명할 수 없었다.

영(zero)이라는 단어는 '비어 있음' 혹은 '공백'을 뜻하는 힌두어 순야(sunya)에서 유래했고, 기호 0은 870년에 만들어진 힌두인의 비문에서 처음 발견되었다고 한다. 무한을 뜻하는 기호 ∞는 1655년 영국의 수학자 월리스(John Wallis)에 의해 최초로 사용되었다. 기호 0은 출발점, 1은 우리가 사용할 단위 길이, ∞는 직선의 완전함을 나타낸다. 무한은 실수 체계에 속하지 않으며, 따라서 수량이 실수에 관련되는 것과 같은 의미로 실수와 관련될 수는 없다.

무한은 17세기 후반 뉴턴과 라이프니츠에 의해서 새롭게 발명된 미적분학의 핵심요소가 되었다. 무한수열에서는 우리가 원하는 만큼 가깝게 거기에 접근하면서도 실제로는 거기에 절대로 도달하지 않게 되는 수를 극한이라 한다.

유한개를 계산할 때는 더하는 순서에 관계없이 항상 같다. 이것을 수의 결합법칙이라 한다. 그러나 무한개의 셈에서는 더하는 순서에 따라 같지 않을 수도 있다. 무한합 $1-1+1-1+1-1+1-\cdots$에서 합은 다음과 같이 어떻게 더하느냐에 따라 달라질 수 있다.

$$(1-1)+(1-1)+(1-1)+(1-\cdots=0$$
$$1+(-1+1)+(-1+1)+(-1+1)+\cdots=1$$

이와 같이 무한의 세상에서는 유한의 세상에서 일어날 수 없는 현상이 많이 일어날 수 있다. 무한은 정말 이상한 세상이다. 때문에 유한한 세상에서 사는 인간이 무한의 신을 이해할 수 없는 것은 당연한 일일 것이다.

셀 수 있는 무한

무한의 체계를 처음으로 다룬 사람은 19세기의 칸토어이다. 칸토어는 실제적 무한을 이미 완성된 수학적 대상으로 수용했고, 이전까지의 지배적인 생각과는 반대로 오직 하나의 무한만이 있는 것이 아니라 여러 종류의 무한이 있음을 보였다.

무한집합은 자신이 아닌 부분집합과 일대일 대응을 이룬다고 정의했다. 무한인 자연수와 일대일 대응을 맺을 수 있는 모든 집합을 셀 수 있는(countable) 집합이라 하고 그 수를 $\aleph_0$로 나타냈다.

자연수와 짝수의 개수는 같다고 했다. 그러면 정수와 자연수는 누가 더 많을까? 정수의 집합을 다음과 같이 나열하자.

$$0,\ 1,\ -1,\ 2,\ -2,\ 3,\ -3,\ \cdots$$

그렇다면 위의 수는 순서대로 1, 2, 3, 4, 5, 6, 7, …과 일대일 대응을 맺을 수 있다. 그러므로 정수의 개수와 자연수의 개수도 둘 다 무한으로 서로 같다.

유리수와 자연수는 누가 더 많을까? 1874년 칸토어는 유리수들이 매우 조밀함에도 불구하고 셀 수 있다는 사실을 발견하였다. 유리수란 정수를 0이 아닌 정수로 나눈 수이다. 집합으로 표시하면 $\left\{\frac{q}{p} \mid p,\ q\text{는 정수},\ p \neq 0\right\}$와 같이 나타낼 수 있다. 다음과 같이 수를 나열하자.

1/1 → 2/1 　 3/1 → 4/1 　 5/1 ⋯

↙ 　 ↗ 　 ↙

1/2 　 2/2 　 3/2 　 4/2 　 5/2 ⋯

↓ 　 ↗ 　 ↙

1/3 　 2/3 　 3/3 　 4/3 　 5/3 ⋯

↙ 　 ↗

1/4 　 2/4 　 3/4 　 4/4 　 5/4 ⋯

↓ 　 ↗

1/5 　 2/5 　 3/5 　 4/5 　 5/5 ⋯

⋯ ⋯ ⋯ ⋯ ⋯ ⋯ ⋯ ⋯

위 배열에서 화살표와 같은 방식으로 수를 배열하되 경로가 이동하는 동안 이미 나왔던 유리수가 다시 나오는 경우는 한 칸씩 건너뛴다. 그러면 유리수는 분수로 표현되므로 모든 유리수를 하나씩 전부 거치게 된다. 이런 방식으로 모든 유리수를 셀 수 있다. 그러므로 유리수의 개수도 자연수의 개수와 같다.

무한한 수 $\aleph_0$에서는 유한한 수에서는 결코 성립할 수 없는 다음과 같은 등식이 성립한다.

$$1 + \aleph_0 = \aleph_0,\quad \aleph_0 + \aleph_0 = \aleph_0,\quad \aleph_0 \times \aleph_0 = \aleph_0$$

이러한 사실을 처음으로 밝힌 칸토어도 믿을 수가 없어 1877년 데데킨트에게 보낸 편지에서 "나는 그것을 보고 있다. 하지만 도무지 믿을 수가 없다."고 했다.

셀 수 없는 무한

모든 무한집합은 셀 수 있는 집합인가? 즉, 자연수와 일대일 대응인가? 유리수는 조밀하게 매우 많지만 수직선 전체를 덮기에 충분히 많지는 않다. 즉, 유리수를 수직선에 대응하면 모두 대응하고도 남는 구멍이 매우 많다. 이 무한히 많은 구멍을 무리수가 채워준다. 유리수와 무리수를 합하여 실수라고 한다. 실수는 소수로 표현이 가능한 모든 수를 모아 놓은 것으로 수직선과 일대일 대응을 이룬다. 직선 위의 점과 실수는 연속체(continuum)를 이룬다고 한다. 이들은 셀 수 있는 집합보다 훨씬 많은 원소를 가진다. 칸토어는 이러한 셀 수 없는(uncountable) 집합의 무한을 C로 표시했다. 따라서 무한집합에는 셀 수 없는 집합도 있음을 알 수 있다.

무한한 직선 위에 있는 점의 개수와 유한한 선분 위에 있는 점의 개수는 같은가? 같다는 것은 두 집합 사이에 일대일 대응이 있다는 것이다. [그림 1]은 유한한 선분 위에 있는 점과 반원 위에 있는 점들이 일대일 대응이고, [그림 2]는 반원 위에 있는 점들은 무한 직선 위에 있는 점과 일대일 대응이 됨을 보여준다. 그러므로 무한한 직선 위에 있는 점의 개수와 유한한 선분 위에 있는 점의 개수는 같다.

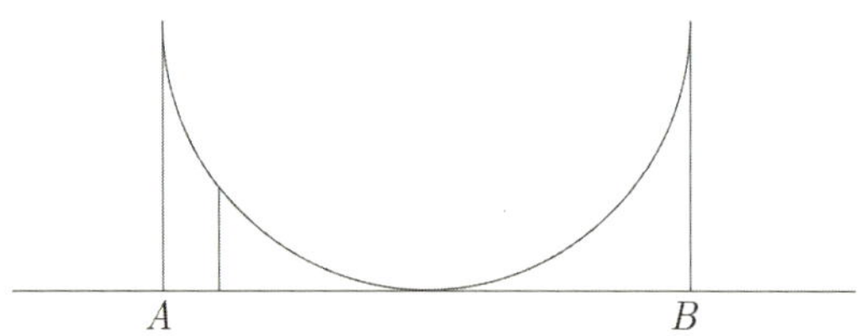

[그림 1] 선분과 반원 위의 점은 그 수가 같다.

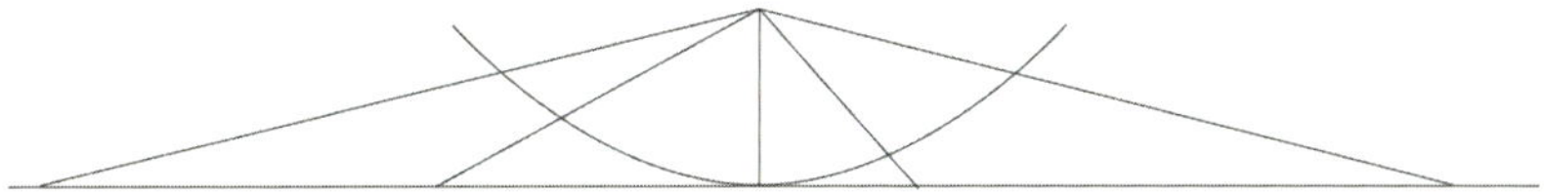

[그림 2] 직선과 반원 위의 점은 그 수가 같다.

선분 위에 있는 점은 셀 수 없이 많다. 그 수는 자연수의 수보다 큰가? 선분을 [0, 1]이라 하자. 그러면 0부터 1까지의 실수는 0부터 1까지의 모든 소수와 대응한다. 중복을 피하기 위하여 소수는 무한소수로 한다. 즉, $0.5 = 0.4999\cdots$.

0부터 1까지 모든 소수를 셀 수 있다고 가정하자. 이 뜻은 모든 소수를 하나도 빠짐없이 나열할 수 있다는 것이다. 이 소수를 숫자가 아닌 기호로 나타내자. 첫 번째 소수는 $0.a_1a_2a_3\cdots$, 두 번째 소수는 $0.b_1b_2b_3\cdots$ 등으로 나타내자. 그러면 나열한 소수는 다음과 같다.

$$r_1 = 0.a_1a_2a_3\cdots$$
$$r_2 = 0.b_1b_2b_3\cdots$$
$$r_3 = 0.c_1c_2c_3\cdots$$
$$\cdots\cdots$$

가정에 의하여 0과 1 사이의 모든 실수는 위와 같이 나열할 수 있다. 다음과 같이 수를 만들어 보자.

소수점 첫째 자릿수는 a_1과 다른 값을 가지고, 소수점 둘째 자릿수는 b_2와 다른 값을 가지고, 소수점 셋째 자릿수는 c_3과 다른 값을 가지고, 그 이하 자릿수도 같은 방법으로 다른 수를 가지는 수를 x라고 하자. 즉,

$$x = 0.x_1x_2x_3\cdots,\ \text{단}\ x_1 \neq a_1,\ x_2 \neq b_2,\ x_3 \neq c_3,\ \cdots.$$

이렇게 만든 새로운 수 x는 0과 1 사이의 수이지만 원래 목록에 있던 어떤 수 r_i와도 같을 수 없다. 이것은 가정에 모순이므로 0과 1 사이의 실수는 셀 수 없

이 많고, 같은 무한이지만 자연수보다 더 큰 무한이다. 이와 같은 수를 셀 수 없는(uncountable) 집합이라고 한다.

무한의 크기

자연수의 개수를 $\aleph_0$라 하고, 실수의 개수를 C라 하였다. 그리고 $\aleph_0 < C$임을 보였다. 즉, 무한보다 더 큰 무한이 있다. $\aleph_0$보다 작은 무한은 없다. 짝수의 개수도 홀수의 개수도 정수의 개수도 그리고 유리수의 개수도 모두 $\aleph_0$이다.

칸토어는 주어진 집합의 모든 부분집합의 집합은 항상 원래 집합보다 더 많은 원소를 가진다는 사실을 보임으로써 C보다 더 큰 밀도를 가지는 집합을 발견했다. 유한집합 원소의 개수를 n이라고 한다면 그 집합의 부분집합은 모두 2^n개로, 항상 부분집합의 집합이 원래 집합보다 더 많은 원소를 가진다. 즉, $n < 2^n$이다. 칸토어는 무한집합으로부터 그 집합의 모든 부분집합들을 생각하여 그 집합보다 더 많은 원소를 가지는 새로운 집합을 만들었다. 셀 수 있는 무한집합에서 부분집합의 수는 $2^{\aleph_0}$이고 $\aleph_0 < 2^{\aleph_0}$임을 보였다. 따라서 $\aleph_{i+1} = 2^{\aleph_i}$라고 정의하면 순서가 있는 무한 $\aleph_1$, $\aleph_2$, $\cdots$을 계속 만들 수 있다.

원소의 수가 같은 두 집합은 일대일 대응을 맺을 수 있지만, 다른 원소의 수를 갖는 두 집합은 원소들 간에 일대일 대응을 맺을 수 없다. 그러므로

$$\aleph_0 < \aleph_1 < \aleph_2 < \cdots$$

이 성립한다. 칸토어는 $\aleph_1$과 C가 같음을 증명하였다. 그러나 $\aleph_0$보다 크고 $\aleph_1$보다 작은 무한집합을 찾으려는 시도는 실패했다. 증명은 하지 못했으나 다음과 같은 가설(연속체 가설)을 내세웠다.

$\aleph_0$보다 크고 C보다 작은 밀도를 갖는 무한집합은 존재하지 않는다.

1910년 러셀(Bertrand Russell)은 "수학적 무한에 얽혀 있던 난점들을 해결했다는 것은 아마도 우리 세대가 자랑할 수 있는 가장 큰 성취일 것이다."라고 말하였으며, 힐베르트는 "누구도 칸토어가 우리에게 만들어준 낙원으로부터 우리를 끌어낼 수 없다."고 했다. 당시 동료들의 엄청난 비판을 받은 칸토어는 정신병원을 들락거리다가 1918년 세상을 떠났다.

1963년 칸토어의 추측인 연속체 가설은 참이면서 동시에 거짓임이 밝혀졌다. 어떤 가정에서 출발하느냐에 따라 참이 될 수도 있고 거짓이 될 수도 있다는 것이 증명되었다. 연속체 가설은 집합론의 공리와는 독립적이라는 사실도 밝혀졌다. 유한 세상에서는 일어날 수 없는 일이 무한의 세상에서는 일어난다. 인간은 바벨탑을 쌓아 무한을 상징하는 신에게 도달하려 했으나 실패했다. 그래서 바벨탑은 신에 도달하려는 인간의 헛된 노력을 상징하기도 한다.

유일신을 믿는 종교에서는 무한의 대상으로 오직 한 절대자만 존재한다. 그리스처럼 많은 신들이 있는 경우에는 신들의 신인 제우스가 있다. 수학은 유한은 물론이고 신의 영역에 속하는 무한을 다룬다. 그뿐 아니라 무한 위에서 또다시 그들보다 훨씬 더 큰 무한을 만들고, 이러한 과정을 무한 번 반복할 수 있다. 그래서 신학에서 말하는 신들의 개념이 초라해 보인다.

11

수학의 무소유

$$\emptyset \subset X$$

지금은 입적하신 법정스님께선 생전에 많은 책을 저술해 많은 중생에게 따뜻한 감정을 불어넣으셨다. 그중에서도 법정스님을 대표하는 책이 《무소유》다. 1976년에 초판이 나와 지금까지 가장 많이 읽힌 책이다. 필자도 대학생 시절에 처음 이 책을 접했고 지금도 간간히 꺼내 보곤 한다. 이 책에는 스님이 길을 떠나는데 갑자기 집에서 기르던 난초를 아침에 양지바른 곳에 잠깐 내 놓은 것이 생각나 되돌아왔다는 이야기가 있다. 난초는 오랫동안 햇빛을 받으면 죽을 수도 있기 때문이다. 그리고는 깨달은 것이 있어 난초를 남에게 주었다고 하며 다음과 같이 말한다.

> "우리들이 필요에 의해서 물건을 갖게 되지만, 때로는 그 물건 때문에 적잖이 마음이 쓰이게 된다. 그러니까 무엇을 갖는다는 것은 다른 한편 무엇인가에 얽매인다는 뜻이다. 필요에 따라 가졌던 것이 도리어 우리를 부자유하게 얽어맨다고 할 때 주객이 전도되어 우리는 가짐을 당하게 된다. 그러므로 많이 갖고 있다는 것은 흔히 자랑거리로 되어 있지만, 그만큼 많이 얽혀 있다는 측면도 동시에 지니고 있다."
>
> – 법정, 《무소유》, 범우사, 2010, 22쪽

필요 이상으로 많이 가지면 오히려 불편을 초래한다는 스님의 말씀이다. 대표적인 것이 재물이 아닐까 한다. 살아가는 데 있어서 재물은 당연히 필요하다. 그러나 그렇게 많이 필요한 것은 아니다. 하지만 많은 사람은 재물을 가능한 많이 갖고 쌓아두고 후손에게까지 물려주려고 한다. 오직하면 새해 인사로 '부자 되세요' 하는 말이 나왔겠는가? 분명 여기서 '부자'란 재물을 뜻함이지 마음을 뜻하는 것은 아닐 것이다. 필요해서 재물을 갖게 되지만 너무 많은 재물을 쌓아두면 재물에 오히려 노예가 되어 인성을 잃어버릴 수가 있다. 현재 많이 사용하고 있는 스마트폰도 그렇다. 너무 편리해서 스마트폰을 갖고 있지만 잠시도 그것 없이는 살 수 없을 정도가 되면 이는 중독된 것이다. 스마트폰의 노예가 되어 버린 것이다. 이러한 것을 주객전도라 한다.

무소유란 아무것도 갖지 않는 것이 아니라 집착하지 않는 것이다. 아니다 싶으면 과감하게 버릴 수 있는 마음이다. 돈에 집착하지 않고, 권력에 집착하지 않고 그리고 물건에 집착하지 않는 마음이 무소유를 실천하는 마음이다.

버리면 얻는다

법정스님이 수학의 한 분야인 집합에 대해 자세히 알고 있지는 않았을 것이다. 그러나 스님의 말씀은 이미 18세기 칸토어에 의해 새로 발견된 집합의 한 명제로 소개되어 있다. 집합이라 하면 명확한 대상들의 모임을 말한다. '사람들의 모임' 역시 집합이 될 수 있다. 여기서 명확함이란 참과 거짓이 분명한 것을 말한다. '사람들의 모임'은 사람과 사람이 아닌 것이 명확하므로 집합이 될 수 있다. 그러나 '키 큰 사람들의 모임' 하면 집합이 될 수 없다. 키가 크다는 의미가 정확하지 않기 때문이다.

서울에 주민으로 등록한 사람을 서울 시민, 대전에 주민으로 등록한 사람을 대전 시민이라고 하듯이 집합에 속한 대상을 그 집합의 원소(element)라고 한다.

즉, 우리는 사람이므로 우리 각자는 '사람들의 모임'에 속한 원소가 된다.

우리나라에는 무인도가 많다. 무인도는 말 그대로 사람이 살지 않는 섬이다. 우리나라에서 가장 큰 무인도는 인천의 덕적도에서 남서쪽으로 100km 떨어진 선갑도라고 한다. 그렇다면 '선갑도에 살고 있는 사람들의 모임'은 집합이 될 수 있는가? 물론 집합이 될 수 있다. 명제가 명확하기 때문이다. 그렇다면 집합 '선갑도에 살고 있는 사람들의 모임'의 원소는 무엇인가? 아무도 살고 있지 않으니 원소는 없다. 이처럼 아무 원소도 갖고 있지 않은 집합을 공집합(empty set)이라고 한다. 수학에서는 공집합을 기호로 $\varnothing$ 라고 나타낸다.

바로 이 공집합이 법정스님이 말하는 무소유 그 자체이다. 아무것도 갖고 있지 않은 공집합은 무척 자유롭고 어디에든 포함되어 있고 누구도 배척하지 않는다. 있는 듯, 없는 듯 하며 일체의 간섭도 하지 않고 영향을 미치지도 않는다. 하지만 상황이 바뀌면 모두를 없애 버릴 수 있는 막강한 힘이 있다.

한 집합 A가 다른 집합 B에 포함된다는 것은 "A에 있는 모든 원소가 모두 B에 있다"는 뜻이거나 또는 "B에 없는 원소는 A에도 없다"는 뜻이다. 이 경우 기호로 $A \subset B$로 나타내며 A는 B의 부분집합이라고 말한다. 따라서 '여자들의 모임'은 '사람들의 모임'에 포함된다. 왜냐하면 여자는 사람이기 때문이다. 또는 사람이 아니라면 당연히 여자도 아니기 때문이다. 둘 중 어느 것도 참이므로

$$\text{여자들의 모임} \subset \text{사람들의 모임}$$

이 성립한다.

임의의 집합 X가 있다고 하자. 만일 어떤 것이 X에 없다고 하면 그 어떤 것은 공집합에 있을까? 당연히 없다. 왜냐하면 공집합은 어떠한 원소도 갖고 있지 않기 때문이다. 다시 말하면 'X에 없으면 $\varnothing$ 에도 없다'가 성립한다. 그러므로 공집합은 X에 포함됨을 알 수 있다. 즉 모든 집합 X에 대하여

$$\varnothing \subset X$$

가 된다. 공집합 $\varnothing$ 는 가진 것이 하나도 없기 때문에 모든 곳에 다 포함된다. 이는 자신을 비우면 모든 것에 다 들어갈 수 있고 그 어떤 것도 공집합을 배척하지 않는다는 뜻으로 해석할 수 있다.

또한 공집합 $\varnothing$ 는 가진 것이 하나도 없기 때문에 어떤 것과 합해도 그것을 변화시키지 않는다. 이것을 기호로 나타내면 다음과 같다.

$$X \cup \varnothing = X$$

그러나 아무것도 없는 공집합에서조차 무엇인가를 취하려고 한다면 공집합은 그것을 자기처럼 만들어 버린다. 즉, 그가 갖고 있는 모든 것을 없애버린다. 이것을 기호로 나타내면 다음과 같다.

$$X \cap \varnothing = \varnothing$$

이처럼 아무것도 갖고 있지 않은 공집합은 어디에든 포함되어 있고 아무도 해치지 않지만 모든 것을 한 번에 날려버리는 매우 큰 힘도 갖고 있다. 이는 아무것도 갖고 있는 것이 없기 때문에 가능한 것이다. 바로 법정스님이 말한 그 무소유를 대표한다.

[사진 1] 저자가 만든 수학의 무소유 그릇

비어 있어야 드러난다

본래무일물(本來無一物)이란 말이 있다. 본래부터 있었던 물건은 없다는 뜻이다. 이 세상에 태어날 때 아무것도 갖고 오지 않았고 이 세상에서 사라져 갈 때도 역시 빈손으로 간다는 것이다. 법정스님은 "괴로움은 집착에서 온다. 아무것도 갖지 않을 때 온 세상을 갖게 된다는 것은 무소유의 또 다른 의미이다."라고 말씀하셨다. 영원히 결혼하지 않고 혼자 사는 총각에게 "왜 그렇게 혼자 사냐?" 하고 그 이유를 물으니 "나에게 여자가 없으니 이 세상 모든 여자가 내 여자 아닌가?"라고 답한다. 노숙자에게 "왜 집이 없이 노숙하고 지내나?"고 물으니 "내가 가진 땅과 집이 없으니 이 세상 땅과 집이 다 내 것이 아니겠는가?"라며 답한다. 마치 이들은 이미 무소유의 개념을 아는 것 같다.

법정스님은 우리가 무엇을 갖는다는 것은 오히려 그것에 소유당하는 것이며 그만큼 부자유해진다고 말한다. 우리가 무엇인가를 가질 때 우리들의 정신은 그만큼 부담스러우며 이웃에게 시기심과 질투와 대립을 불러일으킨다는 것이다. 또한 잃는다는 것이 잘못된 것도 나쁜 것만도 아니다라고 말한다. 때로는 잃지 않고는 얻을 수가 없다. 크게 버릴 줄 아는 사람만이 크게 얻을 수 있다. 전체가 되기 위해서는 일단 없어야 한다고 말한다.

> "무엇이든지 차지하고 채우려고만 하면 사람은 거칠어지고 무디어진다. 맑은 바람이 지나갈 여백이 없기 때문이다. 오늘날 우리 사회는 함께 사는 이웃을 생각하지 않고 저마다 자기 몫을 더 차지하려고 채우려고만 하기 때문에 갈등과 모순과 비리로 얽혀 있다. 개인이나 집단이 정서가 불안정해서 삶의 진실과 그 의미를 놓치고 있는 것이다.
>
> 버리고 비우는 일은 결코 소극적인 삶이 아니라 지혜로운 삶의 모습니다. 버리고 비우지 않고는 새것이 들어설 수 없다. 그러므로 차지하고

> 채우는 것은 어떤 의미에서 침체되고 묵은 과거의 늪에 갇히는 것이나 다름이 없고, 차지하고 채웠다가도 한 생각 돌이켜 미련 없이 선뜻 버리고 비우는 것은 새로운 삶으로 열리는 통로다."
>
> –법정, 《버리고 떠나기》, 샘터, 1993, 233~234쪽

이것이 바로 공집합의 본질이다. 공집합은 자신이 완전히 비워 있으므로 그 누구와도 함께 할 수 있는 것이다. 동양화의 산수화를 보면 서양화와 달리 비움으로 돋보임을 알 수 있다. 흰 여백이 많은 가운데 붓의 검정색이 확연히 드러나는 것이다. 여백이 없는 그림은 더 이상 동양화라 할 수 없을 것이다.

나는 50대에 들어서 우리 음악을 접하게 되었다. 전통악기인 피리를 연주하다 보니 다양한 분야의 음악을 피리로 연주하게 됐다. 아울러 이론을 공부하면서 서로 연관이 있는 우리 음악 전반에 걸쳐 공부하고 있다. 젊어서 멀리하던 우리 음악이 이렇게 좋을 수가 없었다. 이러한 우리 음악에는 비어 있음이 기본으로 깔려 있다. 연주할 때는 장구나 북이 장단을 친다. 가장 많이 사용되는 중모리 장단을 예로 들어보자. 중모리 장단은 12박으로 '덩궁따 궁따따 궁궁척 궁궁궁'과 같이 친다. 하지만 연주할 때 이 12박을 모두 치지는 않는다. 피리로 서양음악의 재즈와 같은 산조를 연주한다고 하자. 연주하는 중에 12박을 모두 친다면 연주자의 선율이 북소리에 감추어질 것이고 따라서 청중은 피리가락을 제대로 감상할 수가 없다. 따라서 연주자도, 북소리도 그리고 감상하는 청중도 모두 만족하기 어렵다. 그래서 북을 치는 사람(고수라 한다.)은 피리연주자의 가락을 들으면서 적재적소에 추임새를 넣어주거나 박을 쳐주어야 한다. 다시 말하면 모든 박을 다 치지 않고 자꾸 덜어내야 한다는 것이다. 그렇게 드러내지 않음으로써 연주를 돋보이게 할 수 있다고 한다. 고수가 아무리 멋지게 장단을 맞춘다고 해도 주연인 피리의 연주를 살리기 위해 감추다가 피리 소리가 길게 뽑아질 때 어쩌다 한 번 멋진 가락을 살짝 보여주는 것이다. 또는 연주자가 한 박을 쉴 때 쿵 하고 소리를 야무지게 한 번 내 주는 그 자체가 또한 멋이요 기량이다. 이것이 바로 비어

있기에 드러낼 수 있는 것이다.

서현은 건축가들이 가장 많이 인용하는 노자의 《도덕경》을 인용해 다음과 같이 비움의 쓸모를 말한다.

> "서른 개의 바퀴살이 바퀴통에 연결돼 있어도 비어 있어야 수레가 된다.
> 찰흙을 빚어 그릇을 만들어도 비어 있어야 쓸모가 있다.
> 창과 문을 내어 방을 만들어도 비어 있어야 쓸모가 있다.
> 그런 고로 사물의 존재는 비어 있음으로 쓸모가 있는 것이다."
>
> – 서현, 《건축, 음악처럼 듣고 미술처럼 보다》, 효형출판, 2003, 75쪽

빈 마음은 행복의 지름길이다

수에 있어서 '0'도 무소유를 상징한다. '0'이란 아무것도 갖고 있는 것이 없는, 비어 있는 것이다. '0'은 인도의 상인에 의해서 발견되었고 그것이 수로 인정되기까지 오랜 세월이 걸렸다. '0'은 아무것도 갖고 있지 않아 어느 수에 더해도 영향을 주지 않지만 독을 품으면 곱하기(×)라는 연산자로 모든 수를 일순간에 날려버릴 수 있다.

우리가 행복함을 느끼는 것은 만족스러운 마음에서 나온다고 볼 수 있다. 그렇다면 만족은 어디서 나오는가? 자신이 원하는 것을 모두 갖고 있을 때 나올 것이다. 자신이 원하는 것이 많은데 갖고 있는 것이 없다면 그만큼 불만스러울 것이다. 이것을 수식으로 표현하면 다음과 나타낼 수 있다.

$$\text{만족} = \frac{\text{소유}}{\text{원함}}$$

여기서의 원함은 물질적인 것은 물론 정신적인 것도 포함한다. 원하는 것이 많을수록 만족 지수를 높이려면 그만큼 소유해야 한다. 롤링스톤스(The Rolling Stones)가 '원하는 것을 항상 다 가질 수는 없다(You can't always get what you want)'라는 노래를 불렀듯이 원하는 것을 다 갖기는 쉽지 않다. 그러나 원하는 것이 적으면 적을수록 만족지수는 높아진다. 원하는 것이 없다면 즉, '0'이라면 만족 지수는 최대가 된다. 인도의 자이나교(Jainism) 승려들을 보라. 그들은 옷조차도 몸에 걸치지 않는다. 많이 갖고 있는 우리는 그들보다 행복할까? 국민소득이 높은 나라의 사람보다는 낮은 나라의 사람들의 행복지수가 높다는 것을 아는가? 결국 우리의 행복은 비우는 데 있는 것이다.

노자의 《도덕경》에 따르면 대부분의 사람들은 비우는 것을 두려워한다. 잃은 것 같고 놓치는 것 같고 없어지는 것 같다고 한다. 그러나 많이 비워져 있는 그릇이 큰 그릇이고 많이 비워 있는 사람이 큰 사람이라고 가르친다. 비운 만큼 많이 채울 수 있고 많이 나눌 수 있기 때문이다. 우리가 비움을 실천하는 길은 무엇일까? 물질적으로 많이 갖지 않음도 중요하지만 실은 정신적인 비움이 더 중요하다고 본다. 법정스님은 다음과 같이 말하며 혼자 있음을 중요시 했다.

> "홀로 있는 시간은 참으로 가치 있는 삶이다. 홀로 있는 시간을 갖도록 해라. 그렇지 못하면 수많은 사람들이 추구하는 맹목적인 겉치레의 흐름에 표류하고 만다. 홀로 있어야만 벌거벗은 자기 자신을 있는 그대로 성찰할 수 있다. 이래서 고독은 단순한 외로움이 아니라 자기 자신을 투명하게 만드는 귀중한 시간이다."
>
> –법정, 《버리고 떠나기》, 샘터, 1993, 200쪽

홀로 있는 시간이 중요하다는 것은 아메리카 원주민인 인디언을 통해서도 명확히 알 수 있다. 인디언들이 미국인과 조약을 맺으면서 한 말을 담은 《나는 왜 너가 아니고 나인가》을 보면, 자연을 사랑하고 절대자를 숭배하며 인간의 생명

뿐 아니라 모든 자연의 생명을 존중하며 함께 살아가는 그들의 고귀한 이상을 볼 수 있다. 자칭 문명인이라고 하며 하느님을 믿는 기독교인인 미국인들이 인디언을 야만인이며 이교도라고 하여 그들의 땅을 강제로 탈취하고 학살을 했다. 자연을 사랑하고 생명을 존중하는 아메리카 인디언과 강력한 무기를 가졌다고 그들을 마구잡이로 살생하고 약속을 전혀 지키지 않은 미국인 중 누가 야만인일까? 그들은 우리가 말하는 현대적인 교육을 전혀 받지 않았다. 그들은 아이들에게 홀로서기를 시켰고, 명상을 하게 하여 홀로 깨닫게 했다. 그럼에도 그들이 자신의 땅을 침략해 자신들을 내쫓고 자신들을 거의 멸종시키고 강제로 약속을 해 놓고도 지키지 않는 미국인들에게 한 그 주옥 같은 말을 들어보면 홀로 있게 하는 그들의 교육방법이 얼마나 중요한지 알 수 있다.

묵연스님은 〈빈 마음 그것은 삶의 완성입니다〉라는 시를 통해 아무것도 갖지 않은 공집합의 본질을 잘 말해준다.

빈 방이 정갈합니다.
빈 하늘이 무한이 넓습니다.
빈 잔이라야 물을 담고
빈 가슴이래야 욕심이 아니게
당신을 안을 수 있습니다.

비어야 깨끗하고 비어야 투명하며
비어야 맑디 맑습니다.
그리고 또 비어야만 아름답습니다.

살아가면서 느끼게 되는 것은
빈 마음이 좋다는 것입니다.
마음이 비워지지 않아서
산다는 일이 한없이 고달픈 것입니다.

터어엉빈 그 마음이라야

인생의
수고로운 짐을 벗는다는 것입니다.

그 마음이라야만 당신과 나
이해와 갈등의 어둠을 뚫고
우리가 된다는 것입니다.
빈 마음 그것은 삶에 완성입니다.

12
삶에 있어 변환 – 풀이 – 역변환

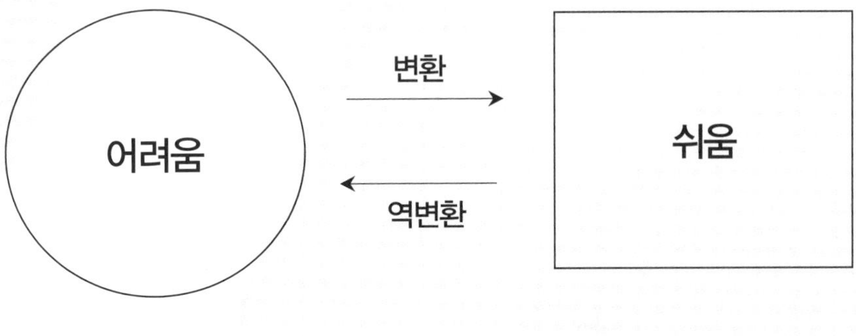

수학에서 부딪히는 어려운 문제를 해결하는 방법으로 변환–풀이–역변환 기법(transform-solve-invert technique)이 있다. 말 그대로 어려운 문제를 쉬운 문제로 변환해서 해결한 후 다시 반대로 변환하는 방법이다. 이러한 방법은 실생활에서도 많이 사용된다. 예를 들어 보자. 우리가 살면서 스스로 해결하기 어려운 문제에 부딪히면 어떻게 하는 것이 좋을까? 어렸을 때 가장 좋은 방법은 부모한테 떼쓰는 것이다. 이처럼 우선은 이 문제를 해결할 수 있는 사람이나 환경으로 가져가서 도움을 청할 것이다. 그렇다고 도움을 요청하고는 마치 자신의 일이 아닌 것처럼 그 문제를 버려두지는 않을 것이다. 남의 도움을 받아 그 문제를 해결한 후 도움을 받은 것에 대해 나중에 갚으면 된다. 우리는 인생을 살면서 이런 방법을 많이 쓴다. 사회는 서로 돕고 살아야 하기 때문이다. 자존심이 너무 쎄서 남의 도움을 전혀 받지 않으려고 하는 것은 좋지 않다. 이것은 자신 역시 남에게 도움을 주지 않겠다는 것과 같기 때문이다. 그러므로 자신이 지금 당장 혼자 해결할 수 없다고 무작정 포기하는 것은 옳지 않다.

지금 집이 꼭 필요하다고 가정하자. 그런데 저축한 돈이 집을 살 정도로 충분하지는 않다. 그러면 충분한 돈을 모을 때까지 집 사는 것을 미루어야 하겠는가? 물론 그것도 방법은 될 수 있다. 그러나 집이 너무도 필요하면 어떻게 해야 할까? 방법이 있다. 필요한 자금을 은행에 자신이 사고 싶은 집을 저당 맡기고 융자를 받아서 집을 사면 된다. 단, 자신의 수입에 맞추어 충분히 갚을 수 있을 정도로 빌려야 한다. 그런 후 저축을 하여 이자를 포함해서 기간 안에 갚으면 된다. 이것 역시 전형적인 변환－풀이－역변환 기법이다. 돈이 모자란 문제를 은행에 가져가는 것이 변환에 해당하고, 은행에서 융자를 받아 집을 사는 것이 풀이에 해당하며 나중 이자와 함께 융자를 갚는 것이 역변환에 해당한다.

수학에서도 이와 같은 방법을 자주 사용한다. 당장 부딪힌 어려운 문제를 그보다 더 쉬운 문제로 변환하고 거기서 해결을 본 다음 다시 원래 문제로 역변환하는 것이다. 이러한 방법은 새로운 사실을 발견할 때도 많은 도움을 준다. 왜냐하면 주어진 수학적인 문제를 새롭게 변환시키고 그 문제를 연구하면 새로운 발견을 할 수 있기 때문이다. 또한 이것을 다시 원래의 문제에 맞게 다시 역변환을 시키면 새로운 사실을 발견할 수 있기 때문이다.

기하와 대수의 관계

실수의 모든 수는 직선의 모든 점과 일대일 대응이다. 다시 말하면 실수 각각을 직선 위에 표시할 수 있고 직선 위의 점을 실수로 나타낼 수 있다. 여기서 실수는 대수학을 대표하고 직선은 기하학을 대표한다. 마찬가지로 실수 두 개를 순서 있게 나열한 순서쌍 (a, b)와 평면 위의 점 P 사이, 그리고 실수 세 개를 순서 있게 나열한 순서쌍 (a, b, c)와 공간 위의 점 Q 사이에도 역시 일대일 대응이 성립된다. 그러므로 평면 위의 곡선은 방정식 $f(x,\ y)=0$으로 표시되고 그리고 공간 위의 곡선은 방정식 $f(x,\ y,\ z)=0$으로 표시할 수 있다. 각 방정식을 만족하는 순서쌍은 각각 평면 그리고 공간 위의 점에 대응된다. 따라서 기하학적인 문제와 대수적인 문제는 서로 도우며 문제를 해결한다.

기하학의 문제는 그에 대응하는 대수학의 문제로 변환되고, 대수적 문제를 푼 다음 그 문제를 기하학 문제로 다시 역변환하여 기하학 문제의 해를 구할 수 있다. 예를 들면 직선의 문제는 $y=ax+b$와 같은 방정식으로, 원의 문제는 $x^2+y^2=r^2$과 같은 방정식으로 변환할 수 있다.

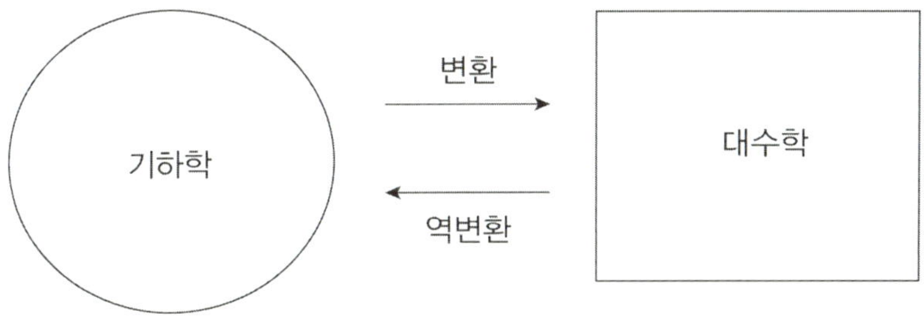

변환–풀이–역변환 기법이란 어려운 문제를 그와 동치이면서 더 알기 쉬운 문제로 변환(transform)한 후, 그 쉬운 문제를 풀어서(solve) 나온 답을 원래의 문제로 역변환(invert)하여 해를 구하는 방법을 말한다. 미분방정식에서 사용되는 라플라스(Laplace) 변환도 이 기법의 일종이다. 어려운 미분방정식을 우리가 흔히 알고 있는 쉬운 방정식으로 변환한 후 이 방정식의 해를 구하고 다시 역변환하여 미분방정식의 해를 구하기 때문이다. 다시 말하면 변환–풀이–역변환 기법은 주어진 수학적인 상황을 보다 쉬운 상황으로 변화시키고 쉬운 상황에서 해를 구한다. 그리고 원래의 상황에 맞는 답을 얻기 위해서 그 변환을 역변환시키는 방법이다.

방정식의 근 구하기

3차방정식 $x^3 - 2x^2 + 3x - 1 = 0$을 살펴보자. 이 방정식의 왼쪽 항에 적당한 수 x를 대입해서 그 값이 0이 되면 우리는 x를 이 방정식의 해(solution) 또는 근(root)이라고 한다. 문제는 이 방정식의 근이 1보다 작다는 것을 보이는 것이다. 가장 쉬운 방법이라 생각할 수 있는 3차방정식의 근의 공식을 이용할 수 있겠으나 일반적으로 이 공식은 잘 모른다. 그래서 이 방정식을 그대로 두고 생각하면 짜증나고 그러다 보면 수학이 싫어지게 된다. 그러나 순간에 번뜩이는 생각이 떠올라 x 대신 $y+1$을 이 방정식에 대입하면(이러한 방법을 $x=y+1$로 치환한다고 한다.) 이 방정식과 동치인 새로운 방정식

$$y^3 + y^2 + 2y + 1 = 0$$

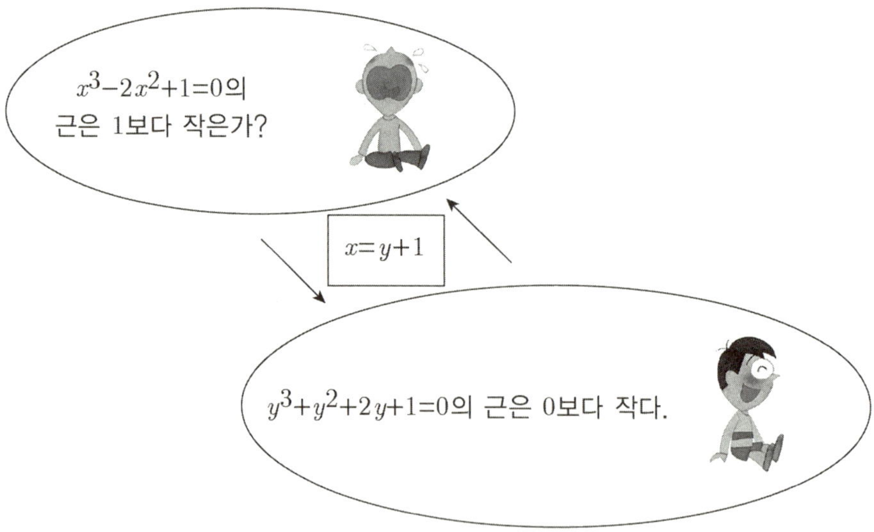

으로 변환된다. $y=x-1$이므로 주어진 방정식의 근 x가 1보다 작은 것은 이 새 방정식의 근 y가 0보다 작다와 같음을 알 수 있다. 그런데 새 방정식의 계수가 모두 양수이므로 0과 같거나 아니면 더 큰 어떤 수 y도 이 방정식의 왼쪽 항에 대입하면 결코 0이 될 수 없음을 알게 된다. 다시 말하면 이 새 방정식이 성립하려면 y의 값은 음수가 되어야 한다는 것이다. 즉, 변환된 새로운 방정식의 해 y는 0보다 작음을 알 수 있다. y의 값이 0보다 작다는 사실을 다시 역변환하면 $x=y+1$이므로 x는 1보다 작음을 알 수 있다. 따라서 주어진 방정식의 근 x는 1보다 작다는 것을 보이게 된다.

미분방정식의 해 구하기

미분방정식의 해법에서 상수계수 미분방정식은 보조방정식을 이용해 쉬운 방정식으로 변환하여 해를 구할 수 있다. 또한 미분방정식을 라플라스 변환(Laplace transformation)하면 쉬운 방정식이 된다. 이 방정식의 해를 구한 후 다시 그 값을 역변환하여 미분방정식의 해를 구한다.

상수계수 미분방정식 $ay''+by'+cy=0$의 일반해를 구하는 것은 2차방정식의 근을 구하는 것과 같다. 위 미분방정식에서 a, b, c는 수를 대신하며 이를 계수라고 말한다. 이 수를 이용해서 보조방정식으로 $am^2+bm+c=0$을 만들 수 있다. 이 방정식의 두 근을 m_1, m_2(또는 m)라고 하면 이 미분방정식의 해는 다음과 같이 구할 수 있다.

(1) m_1과 m_2가 다르면 $y=c_1e^{m_1x}+c_2e^{m_2x}$

(2) m_1과 m_2가 같으면(m이라 하자.) $y=(c_1+c_2x)e^{mx}$

(3) m_1과 m_2가 복소수로 $\alpha+i\beta$ 또는 $\alpha-i\beta$이면

$y=e^{\alpha x}(c_1\cos\beta x+c_2\sin\beta x)$

여기서 c_1과 c_2는 임의의 수로 어떤 수를 대입해도 성립한다. 예를 들면 미분방정식 $y''-y'-6y=0$의 보조방정식은 미분방정식의 계수가 차례로 1, -1, -6이므로 $m^2-m-6=0$이 된다. $m^2-m-6=(m-3)(m+2)$이므로 보조방정식의 해는 2와 -3이다. 따라서 미분방정식 $y''-y'-6y=0$을 만족하는 해는 (1)에 의해서 $y=c_1e^{-3x}+c_2e^{2x}$이 된다.

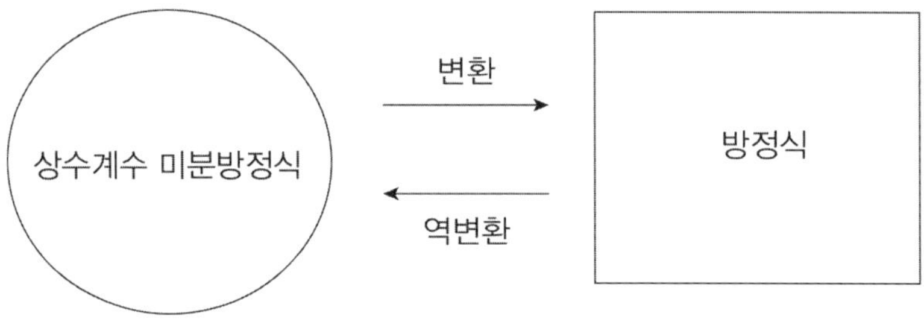

라플라스 변환을 이용하여 초기값이 주어진 미분방정식 $y'-3y=e^{2t}$, $y(0)=1$의 해를 구해보자. 라플라스 변환을 하라는 명령 L을 방정식의 양쪽에 주면 왼쪽 항은

$$L(y'-3y)=L(y')-3L(y)=sY-y(0)-3Y=(s-3)Y-1$$

이 되고 오른쪽 항은

$$L(e^{2t})=\frac{1}{s-2}$$

이 된다. 두 식이 같으므로 $(s-3)Y-1=\dfrac{1}{s-2}$이 성립한다. 이 방정식을 Y에 대해 풀면

$$Y=\frac{s-1}{(s-2)(s-3)}=-\frac{1}{s-2}+\frac{2}{s-3}$$

이 된다. 원래의 문제인 미분방정식의 해를 구하기 위해 양쪽에 다시 역 라플라스 변환을 하라는 명령 L^{-1}을 주면 $L^{-1}(Y)=y$이고

$$L^{-1}\left(-\frac{1}{s-2}\right)+L^{-1}\left(\frac{2}{s-3}\right)=-e^{2t}+2e^{3t}$$

이다. 둘이 같으므로

$$y=-e^{2t}+2e^{3t}$$

가 된다. 이것이 바로 주어진 미분방정식을 만족하는 해이다.

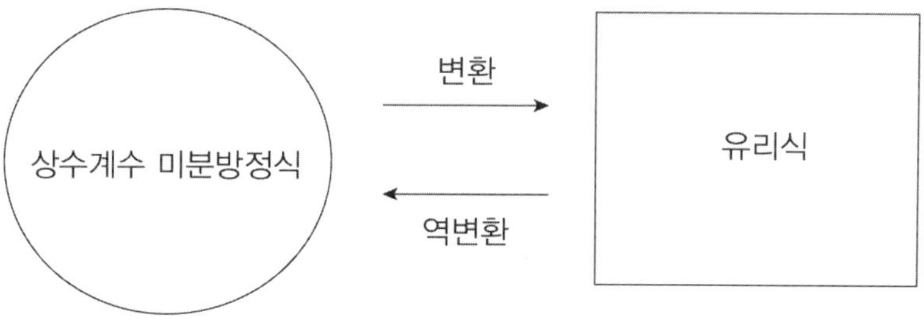

상품을 대신하는 바코드

현대 생활에는 매일 새로운 상품이 나와 전시되며 팔리고 있다. 상품은 전 세계를 무대로 거래되고 있다. 상품이 너무 많아 각 상품의 이름으로 이를 기록하고 매출을 분석하는 것은 불가능하다. 이를 쉽게 하는 것은 상품 이름 대신 숫자로 표시하는 것이다. 숫자는 얼마든지 큰 수가 있으므로 전 세계에서 나오는 모든 상품을 모두 다르게 표기할 수 있다. 이러한 숫자를 우리는 바코드라고 한다.

상품에 적혀 있는 바코드를 컴퓨터가 인식하면 상품의 정리를 매우 신속하고 정확하게 할 수 있다. 바코드는 모두 13자리로 되어 있다. 처음 3자리는 국가코드, 다음 4자리는 회사코드, 다음 5자리는 제품명, 마지막 1자리는 검사숫자로 되어 있다.

[그림 1] 바코드의 공통 상품 코드 체계

검사숫자는 코드가 잘못 읽히는 것을 방지하기 위하여 사용된다. 확인 방법은 끝자리 수를 제외하고 앞에서부터 (짝수 자릿수의 합×3 + 홀수 자릿수의 합)의 1의 자릿수를 10에서 뺀 것이다.

10−[{홀수 번째 숫자의 합)+(짝수 번째 숫자의 합)×3}의 1의 자릿수]=검사숫자

9 788993 741 02 5

위 바코드는 민족문제연구소가 2009년 10월에 편찬한 《친일인명사전》의 바코드로 ISBN 978-89-9374-102-5이다. 이 바코드의 검사숫자를 확인해 보자.

10−[{9+8+9+3+4+0)+(7+8+9+7+1+2)×3}의 1의 자릿수]=10−5=5

이므로 검사숫자가 맞음을 알 수 있다.

이처럼 바코드를 사용하면 물건 거래에서 오는 어려움을 쉽게 해결할 수 있다. 현재의 어려운 문제인 물건 정리하는 것을 바코드라고 하는 체계로 변환한 후 거기에서 물건 정리를 하고 필요한 대금 납부는 다시 현실로 돌아와 지급하면 된다.

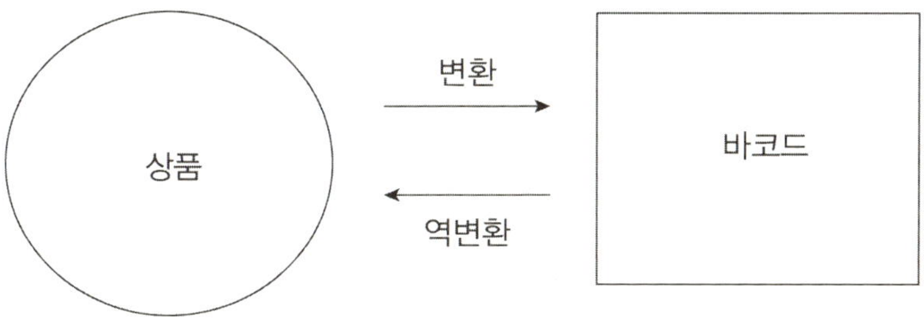

우리나라는 이러한 체계로 주민등록번호를 사용한다. 주민등록번호는 국가가 국민에게 부여하는 고유번호를 말한다. 대한민국 사람이면 누구나 갖고 있는 주민등록번호는 1968년에 처음으로 시행되었다가 1975년에 현재와 같이 13자리로 만들어졌다. 이 번호에는 자신에 대한 기초적인 정보가 담겨져 있다. 앞 여섯 자리는 자신이 태어난 생년월일을 나타낸다. 따라서 다른 나라와 달리 우리나라의 주민등록번호 체계는 심각하게 개인의 프라이버시를 침해하는 요소가 되었다. 장유유서(長幼有序)를 신봉하는 나라에서 인권을 전혀 개의치 않던 군사 정권 아래에서 만들어져서 그런지 누구든 주민등록증에 적혀 있는 주민등록번호로 개인의 나이가 적나라하게 드러나는 것이다. 그래서 싸우다가 수틀리면 나이 많은 듯한 사람이 먼저 '주민등록증 까봐!' 한다. 나이로 상대방을 누르겠다는 말이다. 그런데 50년대 이전에 출생한 사람들의 경우 유아 사망률이 높아 출생신고를 일부러 1~2년 뒤에 하곤 했다. 출생신고를 늦게 하면 과태료를 내야 하므로 과태료 내기 싫은 부모님을 둔 자녀의 출생연도는 자연히 늦추어졌다. 그래서 주민등록번호에 있는 생년월일, 특히 출생년도는 1~2년 정도 틀린 경우가 매우 많았다.

그러면 뒤 일곱 자리는 어떻게 만들어진 것일까? 뒷자리의 첫 번째는 남녀 성별을 나타낸다. 2000년 전에 출생한 남자는 1이고 여자는 2가 된다. 2000년 이후에 출생한 남자는 3이고 여자는 4로 표시하여 100년 단위로 교체한다. 따라서 한 자리의 성비를 나타내는 수는 500년까지는 사용할 수 있다. 그 다음엔? 다시

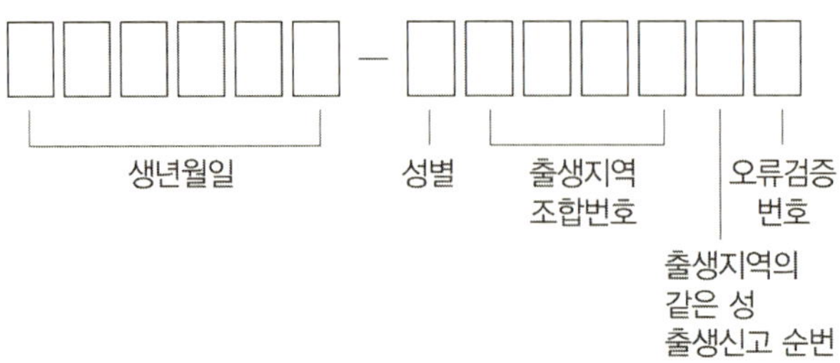

[그림 2] 주민등록번호 구성 방식

처음부터 시작하지 뭐! 500년을 사는 사람은 없으니까.

두 번째에서 다섯 번째까지 네 자리는 출생신고를 처음 한 지역을 나타낸다. 우리나라에는 4천여 개 가까운 읍·면·동이 있다. 따라서 네 자리 수이면 만 개를 나타낼 수 있으므로 우리나라의 모든 읍·면·동을 충분히 표시할 수 있다. 이들 지역에 네 자리로 지역번호가 있다. 그러나 그 번호는 어떻게 만드는지 정확히 알려져 있지 않다. 그래서 주민등록번호를 보고 출신 지역을 알아내기는 매우 어렵다.

여섯 번째는 출생신고를 한 당일 해당 지역의 사무소에 신고된 순서라고 한다. 만일 해당 숫자가 1이라면 그 지역에서 첫 번째로 신고된 것이다. 한 동네에서 하루에 여러 명의 출생신고를 하는 경우가 많지는 않고 기껏해야 5를 넘지 않는다고 하나, 만일 10명이 넘으면 어떻게 처리할까? 같은 아파트 같은 동에 비슷한 출산일을 앞둔 임산부가 11가구 살고 출산 후 동시에 신고하면 혼돈이 오지 않을까?

마지막 자리는 바코드처럼 오류를 검증하는 번호이다. 앞의 번호들이 잘 조합되었는지 검증하는 숫자로 다음과 같이 한다. 우선 첫 번째 숫자부터 열두 번째 숫자까지 앞에서부터 각각의 숫자에 2, 3, 4, 5, 6, 7, 8, 9, 2, 3, 4, 5를 차례로 곱한 후 나온 숫자를 모두 더한다. 이 숫자를 11로 나눈 후 나머지를 11에서 뺀 수가 된다. 필자의 경우 차례로 더해 나온 값이 108이다. 따라서 11로 나누니 나머지가 9이다. 11에서 9를 빼니 2가 되어 내 주민등록번호 마지막 번호와 일치했다. 각자의 주민등록번호로 실습해 보라.

만일 주민등록번호가 없다면 어떻게 국가 살림이나 지방정부 살림을 할 수 있을까? 그것은 불가능하다. 그 힘든 문제를 시민 하나 하나에 고유번호를 주는 것으로 해결한 것이다. 이러한 과정이 변환이다. 그래서 시민에 관련된 모든 일을 직접 하는 것이 아니라 시민을 변환한 주민등록번호로 대신하고, 그 결과를 갖고 다시 시민에 대한 정책을 펴는 것도 역시 변환–풀이–역변환 기법이다.

13

음악에 숨겨진 정수비

$$\flat + \sharp = 0$$

수학과 음악은 전혀 다른 학문 분야로 생각할 수 있지만 의외로 유사한 점이 많다. 수학에는 수많은 기호가 사용된다. 이 기호의 뜻을 모르면 수학을 이해하는 것은 불가능하다. 그러나 그 뜻을 명확히 알면 많은 내용을 간단하게 함축시킬 수 있어 논리 전개에 매우 도움을 줘 내용을 알기가 쉽다. 마찬가지로 음악에도 수많은 기호인 음표가 이용된다. 수학과 마찬가지로 이 음표의 뜻을 모르면 전혀 악보를 읽을 수 없어 연주하기 어렵고 소리는 입에서 입으로 전해질 뿐이다.

음악은 감성적이라 할 수 있고 이에 반해 수학은 이성적이라 할 수 있으니 서로 상반된다고 볼 수 있다. 그러나 19세기 영국의 수학자 실베스터(J. J. Sylvester)는 "음악은 감성의 수학이고, 수학은 이성의 음악이다."라 말하여 두 분야가 상반됨에도 불구하고 서로 매우 밀접한 관계가 있음을 알렸다. 18세기 프랑스 작곡가 라모(J. P. Rameau)도 "음악과 그토록 오래 함께 해왔음에도 불구하고, 음악에 대한 지식을 진정으로 이해하게 된 것은 수학 덕분이었다."라 말했고, 작곡가 나운영도 "수학적인 두뇌 없이는 음악을 할 수 없다."라고 말한 것으로 보아 음악과 수학은 깊은 연관이 있음에 틀림없다.

수학과 음악을 처음으로 연결한 사람은 고대 그리스의 피타고라스이다. 피타고라스는 수학은 절대적 수이고 음악은 응용적 수라고 했다. 그는 이전부터 널리 잘 알려진 어울림 음정을 정수의 비로 나타냈고, 음높이와 소리를 내는 줄의 길이 사이에 반비례가 성립한다는 사실을 발견하여 음향학 이론에 큰 업적을 남겼다. 피타고라스 당시에는 줄의 길이로 음의 높고 낮음을 설명했다. 수학자이자 천문학자인 케플러(Kepler)는 오늘날과 같은 현대적인 의미의 장조와 단조의 개념을 확립했다.

갈릴레오 갈릴레이(Galileo Galilei)는 같은 음높이의 소리를 내는 두 개의 줄 중 하나의 장력을 더 세게 하면 그만큼 비례해서 음높이가 올라가고, 굵기를 달리하면 굵기의 제곱근에 반비례해서 음높이가 변화한다는 사실을 알아냈다. 또한 그는 줄이 진동하는 수가 많으면 음이 높고, 작으면 음이 낮음을 발견했다. 19세

기에 푸리에(J. B. Fourier)는 음파의 움직임인 파동 이론의 기초가 되는 수학적 공식을 완성하여 보이지 않고 들리기만 하는 소리를 삼각함수를 이용하여 보여 주었다.

소리는 진동을 느낌으로써 들을 수 있다. 진동은 물리적으로 주파수라는 용어를 사용한다. 주파수는 초당 진동하는 회수를 말하며 'Hz(헤르츠)'로 나타낸다. 동물마다 들을 수 있는 주파수의 대역은 다른데 인간이 들을 수 있는 주파수의 범위는 대략 16~20000Hz이다. 남성이 말할 때 내는 소리는 대체로 110Hz이고 여성은 220Hz 정도이다. 따라서 여성은 남성보다 한 옥타브 정도 높은 음으로 말을 해 남녀의 목소리는 쉽게 구분할 수 있다.

같은 종류 같은 장력의 줄은 길이가 길수록 낮은 음이 나고 짧을수록 높은 음이 난다. 같은 길이에서는 줄이 굵을수록 낮은 음이 나고 가늘수록 높은 음이 난다. 관도 줄과 마찬가지이다. 서양은 줄의 길이로 음의 높고 낮음을 설명했으나 중국이나 우리나라에서는 대나무 관의 길이로 이를 설명했다.

장력이 같은 줄의 길이가 반으로 줄어들면 주파수는 두 배로 증가한다. 즉, 줄의 길이의 비와 주파수의 비는 반비례 관계이다. 따라서 주어진 줄의 길이가 반으로 줄어들면 주파수가 두 배가 되어 한 옥타브 위의 높은 음이 나고, 줄의 길이가 두 배로 늘어나면 주파수가 반이 되어 한 옥타브 아래의 낮은 음이 난다. 즉, 1 : 2나 1/2 또는 2라는 비율은 음에 있어서 옥타브 관계를 나타낸다. 줄의 길이가 2/3로 짧아지면 완전5도 위의 음이 나고 3/2으로 길어지면 완전5도 아래 음이 난다. 한편 3/4으로 짧아지면 완전4도 위의 음이 나고 4/3로 길어지면 완전4도 아래 음이 난다. 즉, 2 : 3과 3 : 4의 관계는 각각 완전5도와 완전4도의 관계를 나타낸다. 완전4도 높은 음이란 주어진 음을 포함하여 네 번째 위 음으로 두 음 사이에 두 개의 온음과 하나의 반음이 포함된 음이다. 다섯 번째 위 음으로 세 개의 온음과 하나의 반음이 포함되면 완전5도라 한다. 예를 들면 '도(C)'와 '파(F)'는 완전4도, '도(C)'와 '솔(G)'는 완전5도이다. 그러나 '솔(G)'과 한 옥타브 위 '도(C)'는 완전4도이다. [그림 1]에서 C 왼쪽은 C보다 길이가 짧으므로 C보다 높은 음이고 오른쪽은 길이가 길므로 C보다 낮은 음이다.

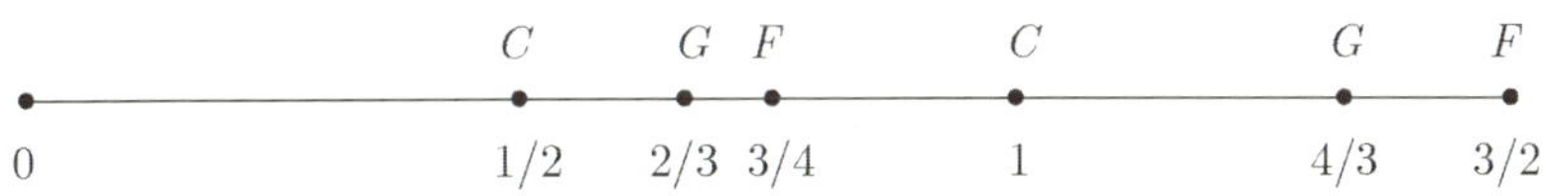

[그림 1] 길이가 1인 줄을 C로 했을 때 길이에 따라 생기는 음.
여기서 C는 도, F는 파, G는 솔이다.

서양의 음계

자연의 현상인 주파수가 사람의 귀에 있는 고막을 진동시켜 뇌로 전달되어 느끼는 소리를 음고(pitch, 음높이)라 한다. 주파수가 작을수록 음(tone)이 낮아지며, 높을수록 음이 높아진다. 음고들의 간격을 매기는 것을 조율(temperament)이라 하고, 그 중에서 몇 개 선택하여 뽑은 음들의 배열을 음계(scale)라 한다. 순차적으로 또는 동시에 울리는 두 음 사이의 단계적 거리(또는 음고의 차)를 음정(interval)이라 한다. 서로 음정이 달라도 같은 종류의 음정으로 볼 수 있는데 그것을 옥타브(octave) 음정이라 한다.

음계는 반음(semitone)과 온음(tone)의 음정들이 같은 옥타브 이내의 음정 관계를 가지고 낮은 음에서 높은 음으로 배열된다. 크게 반음과 온음으로 이루어진 온음계(diatonic scale)와 반음으로 이루어진 반음계(chromatic scale)로 나눈다. 온음계는 7음으로 구성되었으며 [표 1]과 같다.

[표 1] 서양 온음계의 음을 부르는 이름

도	레	미	파	솔	라	시
C	D	E	F	G	A	B
다	라	마	바	사	가	나

이 음계에서 '도－레－미' 사이와 '파－솔－라－시' 사이의 이웃한 음정은 온음정이며, '미－파'와 '시－도' 사이는 반음정이다.

반음계는 반음 내린다는 표시로 '♭(플랫)'과 반음 올린다는 표시로 '♯(샵)'을 음에 붙인다. '다, 라, 마, 바, 사, 가, 나'를 사용하는 경우 반음 내리려면 '내림', 반음 올리려면 '올림'이란 말을 음정 앞에 사용한다. 즉, B♭은 '내림 나', C♯은 '올림 다'와 같다. 온음정 사이에 낮은 음을 반음 올린 음은 높은 음에서 반음 내린 음과 같다. 예를 들면 올림 라 D♯과 내림 마 E♭은 같은 음이다. 따라서 서양 음계는 다음과 같이 7음을 중심으로 한 12음계를 사용한다.

[표 2] 서양 반음계의 음을 부르는 이름

C	C♯ D♭	D	D♯ E♭	E	F	F♯ G♭	G	G♯ A♭	A	A♯ B♭	B

음에 붙여진 고유의 이름을 음이름(또는 음명)이라 하며 'C, C$^{\#}$, D, D$^{\#}$, E, F, F$^{\#}$, G, G$^{\#}$, A, A$^{\#}$, B'를 사용한다. 악보의 조성에 따라 상대적으로 변하는 음의 이름을 계이름(또는 계명)이라고 하며 흔히 '도, 레, 미, 파, 솔, 라, 시'를 사용한다. 우리말로 '다, 라, 마, 바, 사, 가, 나'를 사용하기도 한다. 만일 '솔' 음을 으뜸음으로 하여 도, 레, 미, 파, 솔, 라, 시, 도와 같은 음정의 간격으로 소리를 내면 '솔, 라, 시, 도, 레, 미, 파#' 순이 된다. 이때 솔(또는 사, G) 음이 으뜸음이 되어 '솔'을 계이름으로 '도'라고 부른다. 이러한 음계를 사용하면 사장조(또는 G장조)라고 한다. 다시 말하면 계이름은 상대적인 이름이고 음이름은 절대적인 이름이다.

합주를 하기 위해서는 다른 악기와 음고가 서로 일치해야 한다. 똑같은 음에 악기마다 그 소리가 다르면 연주를 할 수가 없다. 그래서 1939년 런던에서 국제적으로 표준화된 음 높이(standard pitch)의 기준을 정했다. 기준음은 피아노에서 네 번째 높은 라 음(A4)으로 정확히 435Hz에 맞춘다. 그러나 연주(concert pitch)할 때 기준음은 약간 더 높게 440Hz로 조율을 한다. 요즘은 조금 더 올려 442Hz로 하는 경향이 있다.

사람이 소리를 들을 때 그 소리가 몇 Hz인지 인지할 수 있는 능력을 절대음감이라고 한다. 반면에 특정 음을 기준으로 얼마나 높은지 낮은지를 구분하는 능력은 상대음감이라고 한다.

우리나라의 음계

중국의 영향을 받은 우리나라의 전통음계 역시 서양음계와 마찬가지로 12음계이다. 중국의 고전인 《악기》에 "모든 소리의 일어남은 사람의 마음에 연유해서 생기는 것이며, 사람 마음의 움직임이 그것으로 하여금 그렇게 소리 나게 만든다."고 적혀 있다. 조선시대의 성종 때 지은 음악이론서인 《악학궤범》에는 "음악이라고 하는 것은 하늘에서 내려와 사람에게 머물며, 텅 빈 곳에서 나와 자연 안에서 이루어진다."고 나와 있다.

서양음악에는 음양의 개념이 없으나 동양음악에는 양성인 음을 율(律), 음성인 음을 려(呂)라 한다. 황종(黃鍾)을 기본음으로 하는 12음계의 이름을 십이율려명(十二律呂名) 또는 율명(律名)이라 하며 낮은 음부터 차례로 다음과 같이 부른다.

황종(黃鍾), 대려(大呂), 태주(太簇), 협종(夾鍾), 고선(姑洗), 중려(仲呂)
유빈(蕤賓), 임종(林鍾), 이칙(夷則), 남려(南呂), 무역(無射), 응종(應鍾)

이 음의 앞 글자를 따서 간단히 '황(黃) 대(大), 태(太), 협(夾), 고(姑), 중(仲), 유(蕤), 임(林), 이(夷), 남(南), 무(無), 응(應)'으로 표기한다. 이 음보다 한 옥타브 높으면 삼수변 '氵'을, 낮으면 사람 인 변 '亻'을 율명 왼쪽에 붙여 구분한다. 예를 들면 황(黃)보다 한 옥타브 높은 음은 '潢' 그리고 한 옥타브 낮은 음은 '僙'이라고 쓴다.

서양처럼 중국도 주로 사용하는 음계는 7음계이다. 이 음계의 이름을 '궁, 상, 각, 변치, 치, 우, 변궁'이라고 부른다. 그러나 우리 전통음악에서 주로 사용되는 음계는 5음계로 주요 5음은 '황, 태, 중(또는 고), 임, 남(또는 무)'이다. '황'은 중국계 음악인 아악이나 당악을 연주할 때는 서양 음계의 'C'에, 우리 음악인 향악에서는 'E♭'에, 그리고 민속악에서는 'F'에 가깝다. '황'을 'C' 또는 'E♭'에 맞추면 서양음계와 전통음계는 다음과 같이 비교된다.

[표 3] 서양음계와 전통음계의 비교

황	대	태	협	고	중	유	임	이	남	무	응
C	C♯	D	D♯	E	F	F♯	G	G♯	A	A♯	B
E♭	E	F	G♭	G	A♭	A	B♭	B	C	D♭	D

정수비와 배음

줄을 튕기면 제일 낮은 주파수인 기본음이 울리며 동시에 그 주파수의 2배, 3배, … 되는 음들이 함께 나온다. 그러나 첫 음인 기본음의 진폭이 가장 크기 때문에 소리가 가장 크게 울려 이 음을 고유한 음으로 듣게 된다. [그림 1]과 같이 처음 음을 '도'라고 하면, 그 다음 음은 한 옥타브 위 '도'가 된다. 이 음과 그 다음 음은 주파수 비가 2 : 3이므로 완전5도 위인 '솔'이 된다, 그 다음 나오는 음은 주파수 비가 3 : 4이므로 '솔'보다 완전4도 위인 한 옥타브 위인 '도'가 나온다. 이러한 음들을 배음(overtones)이라 하며 악기마다 다르다. 따라서 배음은 음색을 결정한다. 자연적으로 발생하는 음의 비는 1 : 2, 2 : 3, 3 : 4, 4: : 5, 5 : 6 등이 된다. 이 비율이 서양음계를 만드는 데 중요한 역할을 한다. 눈으로 느끼는 아름다움이 대칭구조와 같은 모양의 균형에서 그 근거를 찾듯이 귀는 배음구조라는 음의 균형에서 우선 듣기 좋은 느낌을 갖는다.

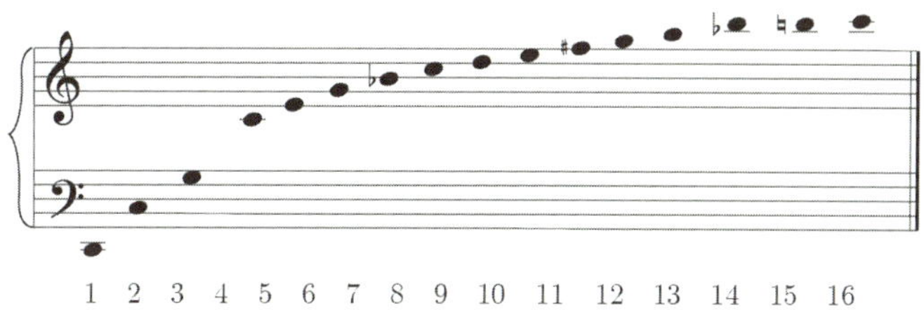

[그림 1] 첫 음의 주파수를 1이라 할 때 배음의 주파수와 음계

19세기 헬름홀츠(Hermann Helmholtz)는 이 배음구조를 수학적으로 확실하게 설명하였다. 배음구조의 원음(fundamental, 기본음)에 가까운 소리들이 서로 어울릴 때는 어울림화음(또는 협화음)이 되고, 원음에서 멀어질수록 잘 어울리지 않는 안어울림화음(또는 불협화음)이 되는데, 옛날 그리스 수학자들은 두 쇳덩이의 무게 비율이 간단할수록 쇳덩이의 소리는 잘 어울리는 화음이 된다는 사실을 알았다.

음의 단계적 거리를 계산하는 단위는 '도'이며 같은 높이의 음은 1도로 한다. 즉, 본음을 포함하여 k번째 음과의 음정 거리를 'k도'라 한다. 'C' 음을 기준으로 원음 속에 포함되어 있는 음정을 기본음정이라 하다. 이중 배음열에서 네 번째 음까지 생기는 자연음정을 완전음정(perfect interval)이라 하여 1, 4, 5, 8도이고, 나머지 2, 3, 6, 7도는 장음정(major interval)이라 한다. 따라서 같은 음인 '도'와 '도'는 완전1도, '도'와 한 옥타브 위 '도'는 완전8도이다. 높은 음 쪽으로 '도'에서 '솔'은 완전5도 그리고 '솔'에서 '도' 또는 '도'에서 '파'는 완전4도이다. '도'에서 '레'는 장2도, '도'에서 '미'는 장3도, '도'에서 '라'는 장6도 그리고 '도'에서 '시'는 장7도이다.

주파수가 두 배가 되는 음을 서양에서는 옥타브라고 한다. 우리 음악에서는 서양의 옥타브 음을 일응음(一應音)이라고 한다. 따라서 주파수가 네 배인 음은 옥타브 음의 옥타브이다. 주파수가 세 배인 음은 주파수 비가 두 배인 음과 어울려 주파수의 비가 2 : 3이 되고, 주파수가 네 배가 되는 음은 주파수가 세 배인 음과 어울려 3 : 4의 주파수가 된다. 즉, 줄을 튕길 때 주파수의 비가 작은 정수비 관계인 음들이 함께 울리면서 우리는 그 소리에 익숙하게 되고 울림이 좋다고 느낀다. 따라서 줄을 튕길 때 우리는 항상 어울림화음을 듣고 있는 셈이다. 다시 말하면 주파수의 비율이 작은 정수비 1 : 2, 2 : 3, 3 : 4, 4 : 5와 같은 음들은 어울림화음으로 우리는 이러한 화음에 익숙해져 있다. 화음은 자연수의 비로 나타내며 1 : 2를 제외하면 으뜸은 2 : 3의 주파수 비인 완전5도 음정이다. 3 : 4의 주파수 비는 완전4도가 되며 4 : 5는 장3도가 된다.

2 : 3의 비는 여러 곳에서 사용된다. 태극기의 세로 대 가로의 비는 2 : 3이다. 2장에서 설명했듯이 A0 용지의 넓이는 1제곱미터이고 B0 용지의 넓이는 1.5제곱미터로 각각의 A 용지와 그에 대응하는 각각의 B 용지의 넓이의 비도 2 : 3이다. 1과 2의 산술평균$\left(\frac{a+b}{2}\right)$과 조화평균$\left(\frac{2ab}{a+b}\right)$은 각각 $\frac{3}{2}$과 $\frac{4}{3}$로 완전5도와 완전4도를 뜻한다. 즉, 완전5도는 본음과 옥타브음의 산술평균이며, 완전4도는 조화평균이다.

음정의 종류

음정의 기본 형식으로는 완전음정과 장음정 그리고 단음정(minor interval)이 있다. 앞서 설명했듯이 으뜸음 도에서 시작하여 위로 1, 4, 5, 8도는 완전음정이고 2, 3, 6, 7도는 장음정이다. 따라서 완전4도는 4도의 음정으로 그 사이에 2개의 온음과 1개의 반음으로 구성되어 있고, 완전5도는 5도의 음정으로 그 사이에 3개의 온음과 1개의 반음으로 구성되어 있다. 장3도는 두 개의 온음 그리고 장6도는 4개의 온음과 하나의 반음을 그 사이에 갖고 있다. 온음을 1이라 하고 반음을 0.5로 하면 각 음정 사이의 수치는 아래 표와 같다.

[표 4] 음정과 음 간격의 관계

음정	완전1도	장2도	장3도	완전4도	완전5도	장6도	장7도	완전8도
음 간격	0	1	2	2.5	3.5	4.5	5.5	6

완전음정보다 반음이 넓으면 증음정(augmented interval), 반음이 좁으면 감음

정(diminished interval)이라 부른다. 장음정의 음 간격보다 반음이 좁으면 단음정이라고 한ㄷ다. 장음정보다 반음 넓으면 증음정, 단음정보다 반음 좁으면 감음정이라 부른다. 예를 들면 다음과 같다.

증2도(C♭-D, D-E♯), 장2도(C-D, D-E), 단2도(C-D♭, C♯-D),
감2도(C♯-D♭, C♯-D♭), 증4도(C-F♯, G♭-C), 완전4도(C-F, G-C),
감4도(C♯-F, G♯-C), 증6도(C♭-A, D♭-B), 장6도(C-A, D-B),
단6도(C-A♭, D-B♭), 감6도(C♯-A♭, D♯-B♭)

바이올린에 있는 4개의 줄은 각각 개방음이 G, D, A, E로 그 사이는 모두 완전5도로 이루어졌다. 기타에 있는 6개 줄의 개방음은 각각 E, A, D, G, B, E로 그 사이는 완전4－4－4도, 장3도 그리고 완전4도로 이루어졌다.

조표와 으뜸음

온음 사이의 간격을 1, 반음 사이의 간격을 0.5라 하면 온음계 사이의 간격은 다음과 같이 이루어진다. 따라서 옥타브 음과는 음 간격이 6이 된다.

$$1-1-0.5-1-1-1-0.5$$

어느 음에서 시작하든 음 간격이 위와 같으면 온음계를 형성한다. 기준음을 한 음씩 올려 '레, 미, 파, 솔, 라, 시' 각 음에서 출발하고 음 간격을 위와 같이 한 온음계는 [표 5]에서 보듯이 한 음을 올릴 때마다 '♯'이 두 개씩 연속적으로 붙는다. 그러나 8개이면 7로 나눈 나머지(mod 7) 한 개를 붙인다. 이때는 반음이 올라간다.

$n = m \pmod{k}$란 n과 m은 k로 나눌 때 나머지가 같다는 뜻이다.

수학 기호인 mod 7은 7로 나눈 나머지를 뜻한다. 예를 들면 10은 7로 나눌 때 나머지가 3이므로 $3 = 10 \pmod 7$이 성립한다. 마찬가지로 $5 = 12 \pmod 7$이 된다.

'#'이 붙는 위치는 '파-도-솔-레-라-미-시' 순서이다. 조표의 이름은 온음계의 첫 음이 된다. '#'이 하나 붙으면 으뜸음이 '솔'이므로 사(G)장조가 되

[표 5] 한 음씩 올린 온음계에서의 조표

온음계	#의 수	으뜸음	장조 이름
C - D - E - F - G - A - B	0	C	C(다)
D - E - F# - G - A - B - C#	2	D	D(라)
E - F# - G# - A - B - C# - D#	4	E	E(마)
F# - G# - A# - B - C# - D# - E#	6	F#	F#(올림바)
G - A - B - C - D - E - F#	1	G	G(사)
A - B - C# - D - E - F# - G#	3	A	A(가)
B - C# - D# - E - F# - G# - A#	5	B	B(나)

[표 6] 한 음씩 내린 온음계에서의 조표

온음계	b의 수	으뜸음	장조이름
C - D - E - F - G - A - B	0	C	C(다)
B♭ - C - D - E♭ - F - G - A	2	B♭	B♭(내림나)
A♭ - B♭ - C - D♭ - E♭ - F - G	4	A♭	A♭(내림가)
G♭ - A♭ - B♭ - C♭ - D♭ - E♭ - F	6	G♭	G♭(내림사)
F - G- A - B♭ - C- D - E	1	F	F(바)
E♭ - F - G - A♭ - B♭ - C - D	3	E♭	E♭(내림마)
D♭ - E♭ - F - G♭ - A♭ - B♭ - C	5	D♭	D♭(내림라)

고, 두 개 붙으면 으뜸음이 '레'이므로 라(D)장조가 된다. 반대로 한 음씩 내려 '시, 라, 솔, 파, 미, 레' 각 음에서 출발한 온음계는 다음과 같이 한 음을 내릴 때마다 '♭'이 두 개씩 연속적으로 붙되 8개이면 7로 나눈 나머지 한 개를 붙인다. 이때는 반음이 내려간다. '♭'이 붙는 위치는 '시－미－라－레－솔－도－파' 순서로 '♯'이 붙는 순서의 반대이다.

왼손 손가락을 이용하여 각 조의 으뜸음과 조 이름을 쉽게 알 수 있는 방법이 있다. 두 번째 손가락 두 번째 마디를 C라 하고 차례로 새끼손가락까지 D, E, F, 다시 두 번째 손가락 세 번째 마디를 G라 하고 차례로 새끼손가락까지 A, B, C 라고 생각한다. ♯이 가는 길은 두 번째 손가락 세 번째 마디부터 시작하여 #이 붙은 수만큼 대각선 위로 그리고 그 아래로를 번갈아 이동하며 새끼손가락 두 번째 마디까지이다. ♭이 가는 길은 새끼손가락 두 번째 마디부터 시작하여 ♭이 붙은 수만큼 대각선 아래로 그리고 위로를 번갈아 이동하여 두 번째 손가락 세 번째 마디까지이다. ♯ 또는 ♭ 하나에 한 번씩 진행하면 그때 만나는 마디의 음이 으뜸음이 되고 조 이름이 된다.

일반적으로 악기에는 C조, $B^{\flat}$조, $E^{\flat}$조 등이 있다. 피아노나 플루트 그리고 오보에 같은 악기에서 으뜸음 C를 내면 그 음은 모두 같은 음 C를 낸다. 그러나 $B^{\flat}$ 악기인 클라리넷, 트럼펫 또는 트럼본 등으로 으뜸음 C를 내면 그 음은 피아

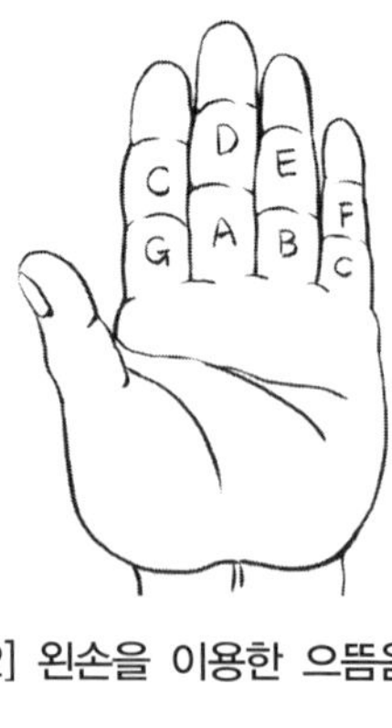

[그림 2] 왼손을 이용한 으뜸음 알아내기

노에서 내는 $B^{\flat}$ 음과 같고, 마찬가지로 $E^{\flat}$ 악기인 알토색소폰으로 으뜸음 C를 내면 그 음은 피아노에서 내는 $E^{\flat}$ 음과 같다. $C-B^{\flat}$은 장2도로 안어울림음정이다. 따라서 같은 악보로 함께 연주하면 불협화음이 형성되어 시끄러워진다. 함께 연주하기 위해서는 같은 음을 내도록 조옮김을 해야 하는데 악기의 조에 따라 음을 올리거나 내려야 한다.

피아노 악보에 있는 멜로디를 피아노 반주에 맞추어 클라리넷으로 연주하려면 클라리넷 음이 피아노 음보다 한 음 낮으므로 멜로디를 한 음 올려 연주해야 한다. 즉, 으뜸음을 '레(D)'로 해야 하므로 #을 두 개 더 붙인 라(D)장조에서 각 음을 한 음씩 올려서 불어야 한다. 알토색소폰으로 불려면 피아노 음보다 한음과 반이 더 높으므로 으뜸음을 그만큼 내린 '라(A)'로 해야 한다. 그러므로 ♯을 세 개 붙인 가(A)장조에서 각 음을 두 음씩 내려 불어야 한다. 클라리넷 악보를 클라리넷과 함께 플루트로 연주하려면 플루트가 클라리넷보다 한 음이 높으므로 클라리넷 악보에 b을 두 개 더 붙이고 각 음을 한 음씩 내려서 불어야 한다.

♭과 ♯ 사이에는 $\flat + \sharp = 0$이 성립한다. 예를 들어 ♭이 3개 붙은 내림마($E^{\flat}$)장조를 한 음 내려서 조옮김을 하면 $3\flat + 2\flat 5\flat$가 되어 b이 5개 붙은 내림라($D^{\flat}$)장조가 되지만, 한 음 올리면 $3\flat + 2\sharp = \flat$이 성립하여 ♭ 하나만 붙인 바(F)장조가 된다.

14
음계를 만드는 수

$$\frac{2}{3},\ \frac{4}{3}$$

기원전 3500년 전부터 서양에서는 울림이 좋은 음 간격을 찾아서 조율을 했고, 옥타브 사이의 음들을 적당한 간격으로 나누어 다음 옥타브 위에 반복해 사용했다. 서양에서 음계를 최초로 체계화한 사람은 고대 그리스의 피타고라스이다. 피타고라스는 수학적 원칙을 기본으로 체계적인 조율을 했다. 중국에서는 삼분손익법(三分損益法)을 이용하여 음을 생성했다. 음을 생성하는 방법으로 피타고라스 방법이나 삼분손익법은 모두 인간이 인위적으로 만들었다기보다는 자연의 법칙으로 소리가 발생하는 원리를 그대로 이용했고, 이 소리의 원리에 정수비가 포함되어 있다.

서양의 피타고라스 방법

앞서 설명했듯이 팽팽한 줄을 튕기면 배음들이 함께 나온다. 한 옥타브 내에서 보면 이 음들은 2 : 3과 3 : 4 등의 주파수 비로 화음을 이룬다. 피타고라스 조율은 주어진 줄의 길이를 2 : 3의 비율로 줄이거나 늘리는 방법으로 5도씩 음을 쌓는 방법이다. 이 방법을 구체적으로 살펴보면, 다음 두 가지 방법으로 음을 각각 구한 후 서로 비교하여 정수비가 작은 것을 택해 음계를 만든다. 처음에 음을 높여가며 음계를 만드는 방법을 올려쌓는 방법이라 하고, 반대로 내려가며 음을 만드는 방법을 내려쌓는 방법이라 하자.

올려쌓는 방법 기준 줄의 길이를 $\frac{2}{3}$로 줄이고, 또다시 $\frac{2}{3}$로 줄이는 과정을 반복하되 그 길이가 기준 줄의 길이의 반 이하로 작아지면 두 배를 한다.

내려쌓는 방법 기준 줄의 길이의 반을 $\frac{3}{2}$배 늘리고, 또다시 $\frac{3}{2}$배 늘리는 과정을 반복하되 그 길이가 기준 줄의 길이의 두 배 이상 커지면 반으로 나눈다.

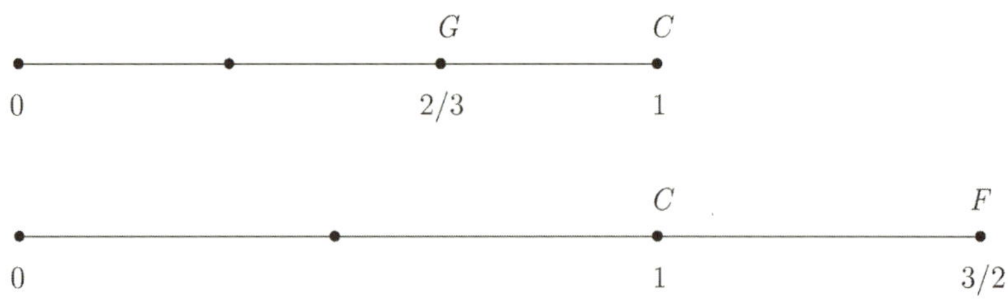

[그림 1] C를 기준으로 했을 때 올려쌓기(위)와 내려쌓기(아래)로 생성된 첫 음

구체적으로 살펴보자. 올려쌓는 방법에서 음을 내는 처음 줄의 길이를 1이라고 하면 그 다음 줄의 길이는 $\frac{2}{3}$이다. 그 다음 줄의 길이는 $\frac{4}{9}$이나 이것은 $\frac{1}{2}$보다 작으므로(옥타브 위) 두 배하여 $\frac{8}{9}$이 된다. 세 번째 음은 두 번째 음의 $\frac{2}{3}$인 $\frac{16}{27}$이 된다. 네 번째 음은 $\frac{32}{81}$로 다시 $\frac{1}{2}$보다 작으므로 2를 곱하여 $\frac{64}{81}$가 된다. 이와 같은 과정에서 길이가 $\frac{1}{2}$보다 작게 되어 두 배 하는 과정이 포함된 곳은 2, 4, 6, 7, 9, 11번째로 모두 여섯 곳이다. 기준 음을 C라고 하면 처음 생성된 음은 완전5도 높은 G음이 된다. 그 다음 과정에 한 옥타브 높은 D음이 생성되나 이를 두 배 했으므로 같은 옥타브 안의 D음이 생성된다. 이와 같은 과정을 계속 반복하면 [표 1]을 얻는다. 12번째 생성된 음은 처음 음의 옥타브와 일치하지 않고 그것보다 조금 더 높다.

[표 1] 올려쌓는 방법으로 만든 피타고라스 음계와 길이의 비

단계	소수로 표현	분수로 표현	생성된 음
0	1	1	C
1	0.6667	2/3	G
2	0.8889	8/9	D
3	0.5926	16/27	A
4	0.7901	64/81	E
5	0.5267	128/243	B
6	0.7023	512/729	$F^{\#}$
7	0.9364	2048/2187	$C^{\#}$
8	0.6243	4096/6561	$G^{\#}$
9	0.8324	16384/19683	$D^{\#}$
10	0.5549	32768/59049	$A^{\#}$
11	0.7399	131072/177147	F
12	0.4932	262144/531441	

기본 줄의 길이를 $\frac{2}{3}$배 하여 구한 완전5도 위의 음은 한 옥타브 위의 음에서 완전4도 아래인 음과 같다. 다시 말하면 C에서 완전5도 위 음 G는 옥타브 C에서 완전4도 내린 음이다. 수식으로 표현하면 $\frac{2}{3}=\frac{1}{2}\times\frac{4}{3}$이므로 기본줄의 길이를 $\frac{2}{3}$배 한 것은 기본음의 옥타브 음의 길이인 $\frac{1}{2}$에 $\frac{4}{3}$배를 하여 내려가며 음을 찾아도 [표 1]과 같은 결과가 나온다.

올려쌓는 방법과 내려쌓는 방법에서 같은 길이의 줄을 사용하면 내려쌓는 방법으로 생성된 음이 한 옥타브 아래가 된다. 올려쌓는 방법과 비교하기 위해서 내려쌓는 방법의 기본음을 내는 줄의 길이를 $\frac{1}{2}$이라고 하자. 그러면 그 다음 줄의 길이는 $\frac{3}{4}$이다. 그 다음은 $\frac{9}{8}$이나 이것은 1보다 크므로(옥타브 아래) 반으로 나누어 $\frac{9}{16}$가 된다. 세 번째 음은 두 번째 음의 $\frac{3}{2}$인 $\frac{27}{32}$이 된다. 네 번째 음은 $\frac{81}{64}$이 되나 1보다 크므로 반으로 나누어 $\frac{81}{128}$이 된다. 이와 같은 과정에서 길이가 1보다 크게 되어 반으로 나누는 과정이 포함된 곳은 올려쌓는 방법과 마찬가지로 '2, 4, 6, 7, 9, 11'번째 모두 6곳이다. 기본음을 C라고 하면 첫 번째 음은 완전5도 낮은 F음이 된다. 그 다음 과정에 한 옥타브 낮은 $B^{\flat}$음이 생성되나 반으로 나누었으므로 같은 옥타브 안의 $B^{\flat}$음이 생성된다. 이와 같은 과정을 또다시 반복하면 [표 2]를 얻는다. [표 2]에서 나온 길이의 비를 두 배 하여 역수로 만들면 [표 1]에 제시한 길이의 비가 된다.

12번째 생성된 음은 처음 음의 옥타브 아래와 일치하지 않고 조금 더 낮다. 따라서 올려쌓기나 내려쌓기나 기본음과 12번째 생성된 음의 음 간격은 한 옥타브를 약간 넘는다. 이 차이를 '피타고라스 콤마(Pythagorean comma)'라고 한다. 이것을 수로 표시하면 [표 1]의 12번째 줄의 길이를 두 배한 수의 역수, 또는 [표 2]의 12번째 줄의 길이에 대응하는 수로 약 1.0136이 된다. 즉, 1.36% 정도의 오차가 생긴다. [표 1]과 [표 2]에서 생성된 음들을 음 높이 순으로 나열하고 그 길이를 비교하면 [표 3]과 같다. 이 표에서 이웃한 음의 차이는 각 음계의 음에서

[표 2] 내려쌓는 방법으로 만든 피타고라스 음계와 길이의 비

단계	소수로 표현	분수로 표현	생성된 음
0	0.5000	1/2	C
1	0.7500	3/4	F
2	0.5625	9/16	B^b
3	0.8438	27/32	E^b
4	0.6328	81/128	A^b
5	0.9492	243/256	D^b
6	0.7119	729/1024	G^b
7	0.5339	2187/4096	B
8	0.8009	6561/8192	E
9	0.6007	19683/32768	A
10	0.9010	59049/65536	D
11	0.6758	177147/262144	G
12	1.0136	531441/524288	

[표 3] 피타고라스 음계의 길이 비와 이웃한 음차

음고	길이 비		이웃한 음차	
	올려쌓음	내려쌓음	반음계	온음계
C	1	531441/524288		
$C^\#$, D^b	2048/2187	243/256	2048/2187	
D	8/9	59049/65536	243/256	8/9
$D^\#$, E^b	16384/19683	27/32	2048/2187	
E	64/81	6561/8192	243/256	8/9
F	131072/177147	3/4	2048/2187	2048/2187
$F^\#$, G^b	512/729	729/1024	243/256	
G	2/3	177147/262144	243/256	59049/65536
$G^\#$, A^b	4096/6561	81/128	2048/2187	
A	16/27	19683/32768	243/256	8/9
$A^\#$, B^b	32768/59049	9/16	2048/2187	
B	128/243	2187/4096	243/256	8/9
옥타브 C	262144/531441	1/2	2048/2187	2048/2187

이웃한 낮은 음으로 나눈 비다.

[표 3]의 두 길이를 비교하면 같은 음정에서 올려쌓은 음정이 내려쌓은 음정보다 조금 더 높은 음이나 이웃한 음차는 모두 같음을 알 수 있다. 또한 이웃한 반음 사이의 간격은 일정하지 않고 $\frac{2048}{2187}$과 $\frac{243}{256}$이 번갈아 나온다. 온음인 F와 G의 비는 $\frac{59049}{65536}$이고, 그 외 온음 사이의 간격은 모두 $\frac{8}{9}$이다. 이것들의 수치적인 관계는 다음과 같다.

$$\frac{2048}{2187}\times\frac{243}{256}=\frac{8}{9},\ \ \frac{243}{256}\times\frac{243}{256}=\frac{59049}{65536}$$

$\frac{243}{256}>\frac{2048}{2187}$이므로 온음 사이의 반음끼리 간격이 같지 않고, 같은 온음일지라도 F와 G의 간격이 다른 온음 사이의 간격보다 더 좁음을 알 수 있다. $\frac{256}{243}$과 $\frac{2187}{2048}$을 각각 피타고라스의 림마(Limma)와 아포토메(Apotome)라 하며, 중국음악에서는 소반음(小半音)과 대반음(大半音)이라고 한다.

[표 3]의 올려쌓은 음계와 내려쌓은 음계의 각 음의 비 중 작은 정수비를 택하여 나열한 피타고라스 음계는 [표 4]와 같다. 이 음계는 기본음과 올려쌓는 방법으로 만들어진 처음 여섯 개 음 그리고 내려쌓는 방법으로 만들어진 처음 다섯 개 음으로 이루어져 있다.

[표 4]에서 보듯이 피타고라스 음계는 온음계에서 올려쌓을 때와 내려쌓을 때 생긴 F와 G의 간격이 다른 온음의 간격보다 좁은 문제점이 없다. 모두 그 비가 $\frac{8}{9}$로 동일하며 반음 사이도 모두 $\frac{243}{256}$로 같다. 반음계에서는 [표 2] 또는 [표 4]와 달리 $\frac{243}{256}$과 $\frac{2048}{2187}$의 나온 순서가 바뀌었다. 피타고라스 음계를 따르면 기본음보다 한 음 높은 음은 줄의 길이가 기본음일 때 길이의 $\frac{8}{9}$일 때 나오며, 반음 높은 음은 기본음일 때 줄의 길이의 $\frac{243}{256}$일 때 나온다.

[표 4] 피타고라스 음계와 이웃한 음차

음고	피타고라스 음계		이웃한 음차	
	소수로 표현	분수로 표현	반음계	온음계
C	1	1		
$C^{\#}$, D^{b}	0.9492	243/256	243/256	
D	0.8889	8/9	2048/2187	8/9
$D^{\#}$, E^{b}	0.8438	27/32	243/256	
E	0.7901	64/81	2048/2187	8/9
F	0.7500	3/4	243/256	243/256
$F^{\#}$, G^{b}	0.7023	512/729	2048/2187	
G	0.6667	2/3	243/256	8/9
$G^{\#}$, A^{b}	0.6328	81/128	243/256	
A	0.5926	16/27	2048/2187	8/9
$A^{\#}$, B^{b}	0.5625	9/16	243/256	
B	0.5267	128/243	2048/2187	8/9
옥타브 C	0.5000	1/2	243/256	243/256

기본음의 완전5도 위 음에 다시 완전4도 위 음은 $\frac{2}{3}\times\frac{3}{4}=\frac{1}{2}$로 기본음보다 한 옥타브 위 음이 된다. 피타고라스 이론에 의하면 '온음정'은 완전5도 음정과 완전4도 음정의 차이로서 온음정 높은 음은 줄의 길이가 $\frac{2}{3}\div\frac{3}{4}=\frac{8}{9}$이고, 반음정 높은 음은 $\frac{243}{256}$배이다.

C보다 반음 높으면 $C^{\#}$이고 $C^{\#}$보다 반음 높으면 D이다. 그러나 C를 내는 줄의 길이를 1로 보았을 때

$$0.8889=\frac{8}{9}<\frac{243}{256}\times\frac{243}{256}=0.9010$$

이므로 반음씩 두 번 올라온 음이 온음 높은 것보다 음이 낮다. 피타고라스 콤마는 반음씩 두 번 올라 온음이 되기 위해 부족함을 메꾸는 수로 사용된다. 즉,

$$\frac{8}{9}\times\frac{531441}{524288}=\frac{243}{256}\times\frac{243}{256}$$

으로 반음정 올린 음과 반음정 내린 음 사이의 간격이 피타고라스 콤마이다. 참고로 피타고라스 콤마 $\frac{531441}{524288}$를 소인수 분해하면 $\frac{3^{12}}{2^{19}}$이다.

$$\left(\frac{1}{2}\right)^7 \neq \left(\frac{2}{3}\right)^{12}$$

88개의 표준 피아노 건반에서 가장 낮은 C1에서 출발하여 가장 높은 C8에 도착하려면 한 옥타브씩 7번 증가하거나, 완전5도씩 12번 증가하면 된다. 이것은 $\left(\frac{1}{2}\right)^7=\left(\frac{2}{3}\right)^{12}$이라는 뜻이다. 그러나 이는 성립할 수 없다. 피타고라스 콤마는 이 두 수의 간격을 채워준다.

$$\left(\frac{1}{2}\right)^7/\left(\frac{2}{3}\right)^{12}=\frac{3^{12}}{2^{19}}\approx 1.01364$$

우리가 사용한 삼분손익법

삼분손익법은 중국에서 들어온 음률 산정법으로 삼분손일(三分損一)과 삼분익일(三分益一)을 교대로 적용하여 12율(律)을 얻는 방법이다. 이는 중국의 고서인 《관자》와 《율려신서》 그리고 조선 성종 때 만든 《악학궤범》에 기록되어 있다. 우리나라에서는 세종 때 12율을 소리 내는 12율관으로 제정했다.

서양에서는 줄의 길이를 이용했으나 중국에서는 굵기가 일정한 대나무를 사용하여 음의 표준인 '황종율관'을 정하였다. 이 방법은 기본음 황종을 소리 나는 율관을 기준으로 하여 그 율관의 길이의 $\frac{1}{3}$을 빼거나(삼분손일) 또는 더하는(삼분익일) 과정을 되풀이 하여 나머지 11율을 얻는다. 과정 중에 율관의 길이가 기준 율관 길이의 반보다 작아지면 그 전 단계를 한 번 더 시행한다.

기본음을 삼분손일하면 그 길이가 $\frac{2}{3}$가 되고, 삼분익일하면 $\frac{4}{3}$가 되므로 삼분손일한 것에 대하여 삼분익일한 것은 그 길이가 두 배가 된다. 따라서 기본음을 삼분손일 한 음은 기본음을 삼분익일 한 음의 옥타브가 된다. 또는 $\frac{2}{3}=\frac{1}{2}\times\frac{4}{3}$이므로 기본음의 옥타브 음을 삼분익일한 음과 같다. 그러므로 삼분손익법에서 삼분손일을 먼저 하든 삼분익일을 먼저 하든 결과는 같다.

삼분손익법 기본 율관의 길이를 $\frac{2}{3}$배 작게 하고, 다시 그 길이를 $\frac{4}{3}$배로 크게 하는 과정을 반복하되 그 길이가 기본 율관 길이의 반 이하로 작아지면 그 전 단계를 한 번 더 시행한다.

삼분손익법에서 $\frac{2}{3}$배 작게 하는 것은 삼분손일에 해당하고, $\frac{4}{3}$배로 크게 하는 것은 삼분익일에 해당된다. 처음 관의 길이를 1이라고 하면 그 다음 관의 길이는 삼분손일하여 $\frac{2}{3}$이고, 그 다음 음은 삼분익일하여 $\frac{2}{3}\times\frac{4}{3}=\frac{8}{9}$가 된다. 세 번째 음은 $\frac{16}{27}$, 네 번째 음은 $\frac{64}{81}$이다. 다섯 번째 음은 $\frac{128}{243}$이다. 그러나 여섯 번째 음은 $\frac{128}{243}\times\frac{2}{3}=\frac{256}{729}$으로 $\frac{1}{2}$보다 작다. 그러므로 삼분손일 대신 삼분익일 하여 $\frac{128}{243}\times\frac{4}{3}=\frac{512}{729}$가 된다. 이것은 피타고라스의 올려쌓기 방법에서 $\frac{1}{2}$보다 작으면 두 배 하는 것과 같다. 이후 과정 역시 모두 같다. 따라서 삼분손익법과 파타고라스 방법에서 올려쌓은 방법은 기본적으로 같다. 차이점이라 할 것 같으면 피타고라스 방법은 삼분익일을 하지 않고 삼분손일만 한다는 것이다. 하지만 그 결과는 똑같다.

기본음인 황종의 길이를 81로 시작하면 임은 54, 태는 72, 남은 48, 고는 64가 된다. 64는 3의 배수가 아니므로 그 다음 음부터는 정수로 되지 않는다. 이 다섯 음을 정음(正音)이라 하며 전통음악에서 주로 사용된다. 삼분손익법에 의한 관의 길이 비와 생성된 음은 다음과 같다.

[표 5] 삼분손익법으로 만든 음계와 길이 비

단계	소수로 표현	분수로 표현	생성된 음
0	1	1	황
1	0.6667	2/3	임
2	0.8889	8/9	태
3	0.5926	16/27	남
4	0.7901	64/81	고
5	0.5267	128/243	응
6	0.7023	512/729	유
7	0.9364	2048/2187	대
8	0.6243	4096/6561	이
9	0.8324	16384/19683	협
10	0.5549	32768/59049	무
11	0.7399	131072/177147	중
12	0.9865	524288/531441	

삼분손익법은 기준율을 포함하여 8율씩 거리를 두고 계속 반복하여 12율을 만든다고 하여 격팔상생법, 6율씩 거리를 두고 계속 뒤로 반복하여 12율을 만든다고 하여 순팔역육법이라고도 한다. 격팔상생법은 완전5도씩 올려쌓는 것을 말하고 순팔역육법은 옥타브 위에서 완전4도씩 내려쌓는 것을 말한다. 황(0), 대(1), 태(2), 협(3), 고(4), 중(5), 유(6), 임(7), 이(8), 남(9), 무(10), 응(11)과 같이 번호를 붙이면, 황(0)부터 시작하여 높은 음으로 갈 땐 7을 더하고 낮은 음으로 내려

갈 땐 5를 빼, 그 결과를 12로 나누어 나머지만 계산하면 다음과 같은 수와 그에 대응하는 음을 구할 수 있다.

[표 6] 수식으로 표현한 격팔상생법과 순팔역육법

격팔상생법	순팔역육법	생성음
$0+7\equiv 7$	$0-5\equiv 7$	황 ⇒ 임
$7+7\equiv 2$	$7-5\equiv 2$	임 ⇒ 태
$2+7\equiv 9$	$2-5\equiv 9$	태 ⇒ 남
$9+7\equiv 4$	$9-5\equiv 4$	남 ⇒ 고
$4+7\equiv 11$	$4-5\equiv 11$	고 ⇒ 응
$11+7\equiv 6$	$11-5\equiv 6$	응 ⇒ 유
$6+7\equiv 1$	$6-5\equiv 1$	유 ⇒ 대
$1+7\equiv 8$	$1-5\equiv 8$	대 ⇒ 이
$8+7\equiv 3$	$8-5\equiv 3$	이 ⇒ 협
$3+7\equiv 10$	$3-5\equiv 10$	협 ⇒ 무
$10+7\equiv 5$	$10-5\equiv 5$	무 ⇒ 중
$5+7\equiv 0$	$5-5\equiv 0$	중 ⇒ 황

피타고라스 방법과 삼분손익법에 의한 음계의 비교

비록 지리적으로 그리고 시대적으로 완전히 다르나 배음에서 나온 2 : 3이나 3 : 4와 같은 특정한 정수비는 동양과 서양을 가리지 않고 음을 생성하는 데 매우 중요한 역할을 했다. 그뿐 아니라 음을 생성하는 과정까지도 매우 비슷했다.

삼분손익법의 "기본 율관의 길이를 $\frac{2}{3}$배 작게 하고, 다시 그 길이를 $\frac{4}{3}$배로 크게 하는 과정을 반복하되 그 길이가 기본 율관 길이의 반 이하로 작아지면 그 전 단계를 한 번 더 시행한다."를 다시 살펴보자. "그 길이가 반 이하로 작아지면 그 전 단계를 한 번 더 시행한다."는 것은, 그 전 단계에서 $\frac{2}{3}$배를 하였기에 $\frac{1}{2}$보다 작아진 것이므로 다음 단계의 음은 $\frac{2}{3}$ 대신 한 번 더 $\frac{4}{3}$배 하여 얻는 것과 같다. $\frac{4}{3}=\frac{2}{3}\times 2$이므로 이는 올려쌓는 피타고라스 방법에서 "$\frac{2}{3}$로 줄이되 그 길이가 기준 줄의 길이의 반 이하로 작아지면 두 배를 한다."와 같은 뜻이다. 따라서 삼분손익법은 [표 1]과 [표 5]에서 보듯이 올려쌓는 피타고라스 방법과 완전히 일치한다.

피타고라스와 삼분손익법에 의한 반음계를 비교한 [표 7]을 보면 큰반음과 작은반음이 교대하는 것을 볼 수 있다. 이 표에서 보면 '황, 태, 고, 유, 임, 남, 응'은 대응되는 피타고라스에 의한 음과 같다. 그러나 '중'과 'F'의 길이 사이에 $\frac{3}{4}>\frac{131072}{177147}$이 성립하므로 '황'을 'C'로 보았을 때 '중'은 'F'보다 약간 음이 높다. 마찬가지로 '대, 협, 이, 무'는 대응되는 피타고라스에 의한 음보다 각각 음

[표 7] 피타고라스 방법과 삼분손익법에 의한 반음계의 비교

		피타고라스		삼분손익법	
		길이 비	이웃한 음차	길이 비	이웃한 음차
C	황	1		1	
$C^{\#}$	대	243/256	243/256	2048/2187	2048/2187
D	태	8/9	2048/2187	8/9	243/256
$D^{\#}$	협	27/32	243/256	16384/19683	2048/2187
E	고	64/81	2048/2187	64/81	243/256
F	중	3/4	243/256	131072/177147	2048/2187
$F^{\#}$	유	512/729	2048/2187	512/729	243/256
G	임	2/3	243/256	2/3	243/256
$G^{\#}$	이	81/128	243/256	4096/6561	2048/2187
A	남	16/27	2048/2187	16/27	243/256
$A^{\#}$	무	9/16	243/256	32768/59049	2048/2187
B	응	128/243	2048/2187	128/243	243/256

이 약간 높다. [표 8]은 온음계를 비교한 것이다.

[표 8] 피타고라스 방법과 삼분손익법에 의한 온음계의 비교

	피타고라스		삼분손익법	
	길이 비	이웃한 음차	길이 비	이웃한 음차
C 황	1		1	
D 태	8/9	8/9	8/9	8/9
E 고	64/81	8/9	64/81	8/9
F 중	3/4	243/256	131072/177147	2187/2048
G 임	2/3	8/9	2/3	65536/59049
A 남	16/27	8/9	16/27	8/9
B 응	128/243	8/9	128/243	8/9

15

자와 컴퍼스만으로 악기 만들기

2 : 1, 3 : 1 ›

음계를 만드는 방법을 이용하여 자와 컴퍼스만으로 기타와 같은 현악기를 만들어 보자. 바이올린이나 해금과 같은 현악기는 악기에 음을 알려주는 어떠한 표시도 없다. 따라서 손가락으로 집는 위치가 조금만 달라져도 음이 달라진다. 그러나 기타는 길죽하게 볼록 튀어나온 괘(fret)가 일정한 간격으로 기타 줄 아래에 놓여 있어 그 사이의 어디를 집어도 나오는 소리는 같다.

눈금 없는 자와 컴퍼스만을 이용하여 기타의 플랫과 같은 음계도를 작도하여 비율에 따라 음이 만들어지는 것을 확인해 보자. 이와 같이 눈금 없는 자와 컴퍼스만을 이용하여 작도하는 것을 유클리드 작도라 한다.

올려쌓기에서 주어진 길이를 $\frac{2}{3}$로 줄이는 것은 주어진 선분의 $2:1$ 내분점이고 두 배를 하는 것은 $2:1$ 외분점이다.

내려쌓기에서 주어진 길이를 $\frac{3}{2}$로 늘리는 것은 주어진 선분의 $3:1$ 외분점이다. 삼분손익법에서는 삼분손일에 해당하는 $2:1$ 내분점과 삼분익일에 해당하는 $4:1$ 외분점이 필요하다.

음계 생성에 필요한 유클리드 작도

선분 AB 위의 끝 점 A에서의 수직선은 다음과 같이 그릴 수 있다. 점 A에서 선분 연장선 위의 같은 거리에 있는 양쪽 두 점을 잡는다. 그 두 점을 중심으로 반지름이 같은 원을 그린다. 두 원이 만나는 두 점을 직선으로 연결한다.

$2:1$ 내분점과 $2:1$ 외분점은 다음과 같이 구하면 작도하기 편리하다. 양 끝점 A와 B에서 수직선을 그린다. B에서 내린 수직선 위에 D를 잡고, 선분 BD 길이의 두 배에 해당하는 C를 A에서 올린 수직선 위에 택한다. C와 D를 직선으로 연결할 때 AB와 만나는 점 A_1이 $2:1$ 내분점이다. 선분 AA_1의 $2:1$ 외분점은 점 A_1을 중심으로 선분 AA_1의 길이를 반지름으로 하여 호를 그릴 때 선분 AB의 연장선과 만나는 점 A_2이다.

$2:1$ 내분점을 구한 후 $4:1$ 외분점은 다음과 같이 구한다. A_1을 선분 AB의 $2:1$ 내분점 점이라 하면, 점 B을 중심으로 선분 BA_1의 길이를 반지름으로 하여 호를 그릴 때 선분 AB의 연장선과 만나는 점 B_1이 $4:1$ 외분점이다.

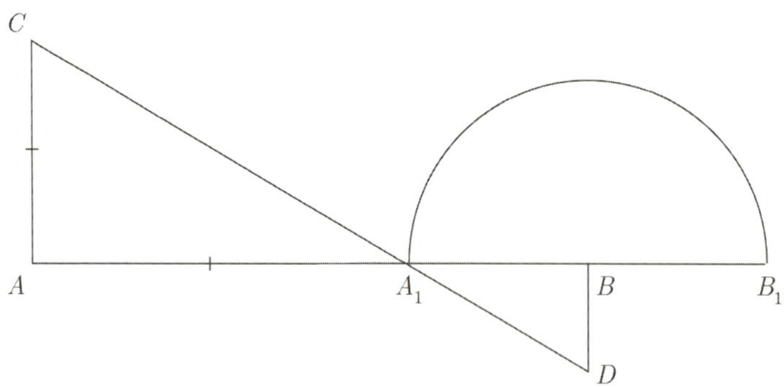

[그림 1] 선분 $\overline{AB}$의 $2:1$ 내분점 A_1과 $4:1$ 외분점 B_1

중점과 3:1 외분점은 다음과 같이 구한다. 선분 AB의 끝점 A에서 수직선을 위로, B에서 수직선을 아래로 그린다. 아래 위 수직선의 같은 길이의 점을 서로 연결하여 만나는 점 O가 중점이다. 점 B를 중심으로 선분 BO의 길이를 반지름으로 하여 호를 그릴 때 선분 AB의 연장선과 만나는 점 B_1이 선분 AB의 3:1 외분점이다.

현악기 틀 만들기

현악기 틀을 제작하는 과정은 두 가지로 나뉜다. 악기 몸체를 만드는 것과 음을 나타내는 음계도를 만드는 것이다. 음계도를 악기 몸체에 붙인 후 음계도에 표시된 곳을 누르고 줄을 튕기면 관련된 음이 나온다. 따라서 몸체는 미리 만들어 두고 필요에 따라 음계도만 만들어 몸체에 부친다. 음계도에 표시한 대로 음을 생성하면 앞에서 설명한 대로 비율에 따라 관련된 음이 나옴을 확인할 수 있다. 또한 설명만 다르지 피타고라스 방법의 올려쌓기 방법과 삼분손익법에 의한 음계도는 정확히 일치함을 볼 수 있다.

[사진 1] 준비물

악기 몸체는 기본적으로 줄을 튕겨 소리를 낼 수 있게 만들면 된다. 필요한 자료는 '길쭉한 나무 판, 기타 조율키, 기타 줄, 작은 자 두 개, 작은 막대'이다. 그러나 반드시 제시한 대로 재료를 준비해 만들 필요는 없다. 가능한 악기 몸체를 만드는 재료는 주변에서 쉽게 구할 수 있는 것으로 하는 것이 좋다.

길쭉한 나무 판은 소리 울림판 역할을 하며, 나무 판 양 끝에 설치할 작은 자는 기타 줄을 양쪽에 거는 데 사용된다. 작은 막대는 줄과 나무판 사이에 끼워 줄을 누르는 역할을 한다. 기타의 예를 들면 작은 자는 기타 맨 위 줄을 지지하는 상현주(위줄베개, nut)와 맨 아래 줄을 지지하는 하현주(아래줄베개, saddle) 역할을 하며, 작은 막대는 기타 중간 중간에 있는 괘의 역할을 한다. 나무판 위에 설치할 기타 조율키는 줄(strings)을 조이고 푸는 역할을 한다. 악기 몸체는 다음과 같이 제작할 수 있다.

(1) 길쭉한 나무 판의 한쪽 끝에 줄을 조일 수 있는 줄감개 역할을 하는 기타 조율키(guitar tunning keys)를 달고 다른 한쪽 끝엔 줄을 고정할 수 있는 장치인 버팀말(bridge)을 만든다.
(2) 기타 조율키의 바로 안쪽과 줄을 고정하는 장치의 안쪽에 적당한 깊이의 홈을 파고 이 홈에 작은 자를 끼워 위로 조금 나오게 한 후 고정한다.
(3) 기타 줄을 나무 판 위에 걸고 기타 조율키로 조인다.

완성된 악기 몸체는 [사진 2]와 같다. 나무 판 위에 구멍은 없어도 좋다. 그러나 구멍이 있는 것과 없는 것의 소리 크기를 비교해 보는 것도 교육적으로 효과가 있다. 나무 판의 크기는 별 상관이 없지만 제작한 실물의 크기는 홈과 홈 사이를 81cm로 하였다.

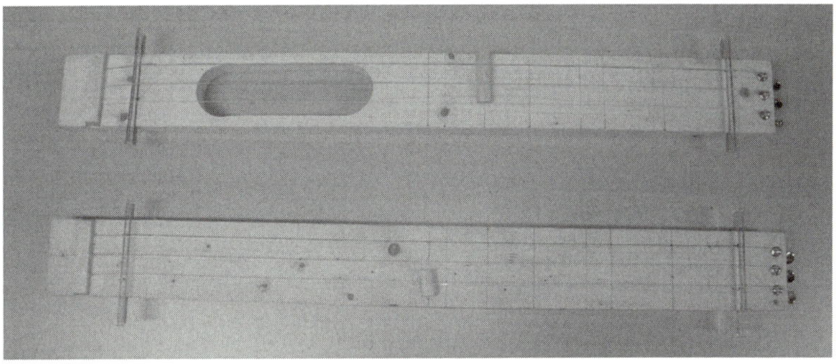

[사진 2] 완성된 악기 몸체

음계도 만들기

음계도 제작에 필요한 도구는 세밀한 연필(또는 얇은 펜), 컴퍼스, 악기 몸체 길이에 따른 크기의 자와 종이이다. 자의 크기는 홈과 홈 사이의 길이보다 좀 더 크면 된다. 악기 몸체 길이만한 크기의 종이에 홈과 홈 사이의 길이만큼 선분을 그린다. 상현주에 있는 끝점을 A로 보고 하현주에 있는 끝점을 B라고 하면 이 선분은 $\overline{AB}$가 된다.

삼분손익법이나 피타고라스 방법의 올려쌓는 방법에 의한 음계도는 다음과 같이 작성할 수 있다. 여기서 점 A는 거리를 측정하는 기준점이 된다.

(1) 주어진 선분 AB의 중점($1:1$ 내분점) O를 택한다.

(2) 주어진 선분 AB의 $2:1$ 내분점 A_1을 작도한다.

(3) 선분 AA_1의 $2:1$ 내분점 A_2를 작도하되 주어진 O보다 작으면 두 배 한다.

(4) A_2를 B로 보고 위 과정 (2)와 (3)을 반복하여 A_3부터 A_{11}까지 구한다.

종이 아래 부분에 적당한 크기의 선분 AB를 그린다. 왼쪽 끝점 A 위와 오른쪽 끝점 B 아래로 수직선분을 그리되, A 위의 선분의 크기는 B 아래 선분의 크기보다 두 배가 되게 한다. 선분 AB와 나란한 보조선 선분 EF를 아래에 그린다. [그림 2]에서 C는 선분 AD의 중점이다.

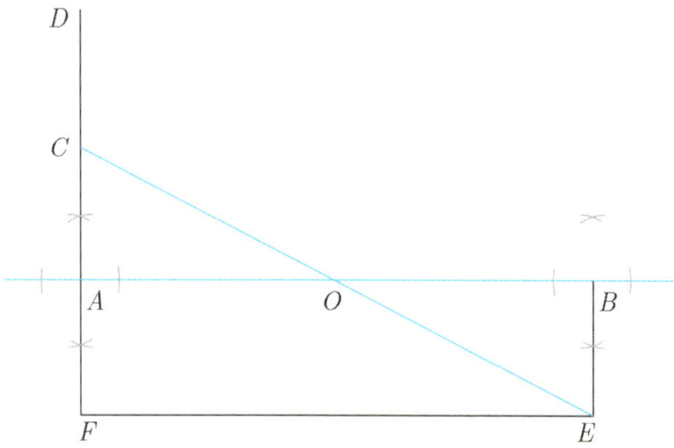

[그림 2] 올려쌓기 방법의 음계도 준비

점 C와 E를 잇는 직선이 선분 AB와 만나는 점을 O라 하자. 이 점은 $1:1$ 내분점으로 중점이다. 점 D와 E를 잇는 직선이 선분 AB와 만나는 점은 $2:1$ 내분점으로 A_1이라 하자. A_1 아래 수직선이 선분 EF와 만나는 점에서 다시 점 D와 연결하면 선분 AB와 만나는 점은 선분 AA_1의 $2:1$ 내분점이다. 이 점이 O보다 작으면(즉, 왼쪽에 있으면) 컴퍼스를 이용하여 두 배를 해준다. 이 점을 A_2라 하자. A_2를 B로 보고 위 과정을 반복하여 A_3부터 A_{11}까지 구하면 다음 그림과 같은 결과가 나온다.

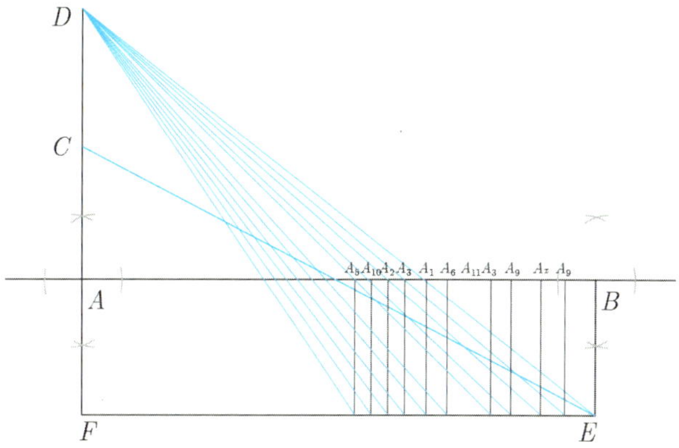

[그림 3] 올려쌓기 방법의 과정

원칙적으로는 매번 선분 EF에 수직선을 작도해야 하지만 시간이 부족할 때는 처음 몇 개만 작도하고 그 다음은 자를 이용할 수도 있다.

내려쌓는 방법에 의한 음계도는 다음과 같이 작성할 수 있다. 여기서도 점 A는 거리를 측정하는 기준점이다.

(1) 주어진 선분 AB의 중점 O를 택한다.
(2) 주어진 선분 AO의 3 : 1 외분점 B_1을 작도한다.
(3) 선분 AB_1의 3 : 1 외분점 B_2을 작도하되 주어진 B보다 크면 반으로 한다.
(4) B_2를 O로 보고 위 과정 (2)와 (3)을 반복하여 B_3부터 B_{11}까지 구한다.

종이 아래에 왼쪽에 치우쳐서 적당한 크기의 선분을 그리되 오른쪽에 여분이 좀 남아 있도록 한다. 왼쪽 끝점 A 위와 오른쪽 끝점 B 아래로 같은 크기의 수직선분을 그린다. 선분 AB와 나란한 보조선 EF를 아래에 충분히 길게 그린다.

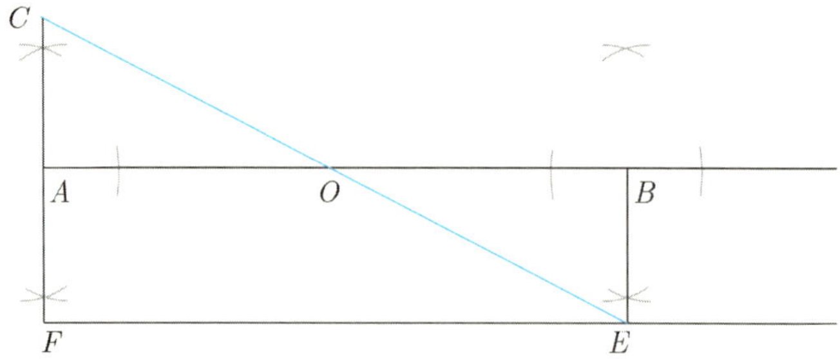

[그림 4] 내려쌓기 방법의 음계도 준비

점 C와 E를 잇는 직선이 선분 AB와 만나는 점은 중점으로 O이다. O 아래 수직선분이 선분 EF와 만나는 점과 C를 잇는 선분이 선분 AB와 만나는 점의 길이만큼 O에서 오른쪽으로 더한 점을 B_1이라 하자. 같은 방법으로 B_1 아래 수직선이 선분 EF와 만나는 점과 다시 점 C와 연결한 점의 길이만큼 B_1에서 더하면 B보다 크게 된다. 따라서 그 점 아래 수직선이 선분 EF와 만나는 점과 다시 점 C와 연결한 점이 선분 AB와 만나는 점이 B_2가 된다. 이와 같은 과정을 반복하면 [그림 5]와 같이 B_3부터 B_{11}까지 구할 수 있다.

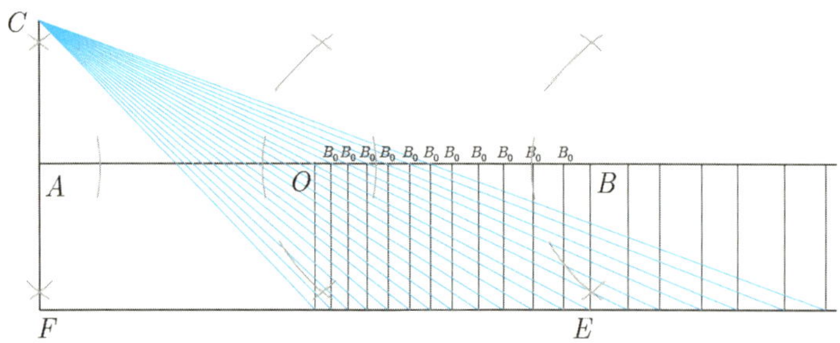

[그림 5] 내려쌓기 방법 과정

악기 몸체에 붙일 종이에 음계도를 작도하기 전에 A4 종이에 위와 같은 과정을 충분히 연습해 본다. 작도할 때는 끝이 뾰족하고 세밀한 연필이나 얇은 펜을 사용한다. 자를 이용해 점과 점을 연결하는 직선을 그을 때와 컴퍼스를 이용하여 원을 그릴 때 자와 컴퍼스의 중심을 최대한 정확하게 점에 닿게 해야 한다. 작도가 정확하지 않으면 수치와 일치하지 않는 경우가 종종 생긴다.

그런 후 같은 방법으로 악기 몸체의 홈과 홈 사이의 길이와 같은 종이에 음계의 위치를 그려본다. 위치가 적힌 선분을 따라 좁게 자른 후 몸체에 붙인다. 작은 막대를 악기의 줄과 몸체에 끼우고 표시된 곳 위에서 줄을 누른 후 음을 생성해 본다.

악기틀의 홈과 홈 사이의 길이가 81cm일 때는 악기틀에 붙일 음계도의 수치는 [표 1]을 참고하여 작도의 오차를 줄인다. 64는 3으로 나누어떨어지지 않으므로 'B'부터는 정확한 값이 아닌 반올림 한 값이다.

[표 1] 처음 길이가 81일 때 따른 상대적 길이와 대응하는 음이름

단계	0	1	2	3	4	5	6	7	8	9	10	11
길이	81	54	72	48	64	43	57	76	51	67	45	60
음명	C	G	D	A	E	B	F#	C#	G#	D#	A#	F

[사진 3]은 81cm의 틀에 맞춘 완성된 악기이다. 선과 줄 사이에 괘를 대고 손으로 누르면서 줄을 튕기면 비율에 맞는 음이 나온다.

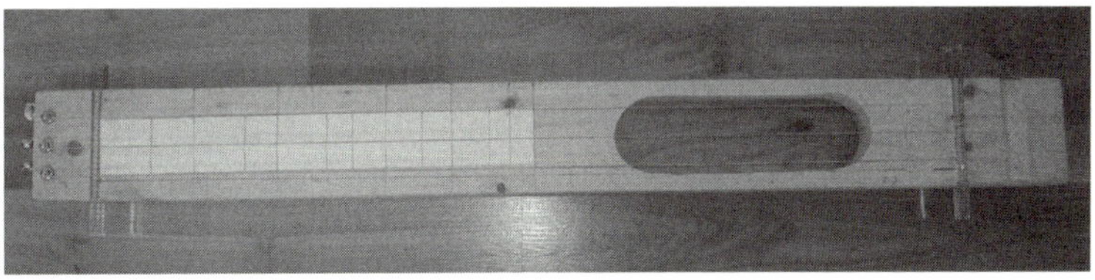

[사진 3] 완성된 악기. 선과 줄 사이에 괘를 대고 손으로 누르며 음을 만든다.

수학 더 알아보기

1. 컴퓨터가 수를 기억하는 방법

더하는 순서를 더하면 결과가 달라질 수 있다고 간단한 예를 들어 설명했다. 실제로 컴퓨터에서 이러한 일이 벌어진다. 구체적으로 컴퓨터에서 어떻게 수를 기억하는지 살펴보자.

컴퓨터는 전기를 이용하여 움직이는 기계이므로 전기가 켜질 때와 꺼질 때의 두 가지 현상을 이용하여 수를 표현할 수 있다. 컴퓨터에 있는 하나의 기억소자는 전기가 나갈 때와 들어올 때 두 가지를 표현할 수 있으므로 이것을 각각 0과 1로 나타낸다. 그러면 이러한 기억소자 여러 개를 묶어 다양한 수를 표현할 수 있다.

하나의 기억소자가 표현할 수 있는 현상은 0과 1 두 개이다. 이러한 기억소자를 두 개로 연결하면 00, 01, 10, 11과 같이 $4(=2^2)$개의 수를 나타낼 수 있다. 마찬가지로 3개를 사용하면 000, 001, 010, 011, 100, 101, 110, 111과 같이 모두 $8(=2^3)$개의 수를 나타낼 수 있다. 즉, n개의 기억소자를 연결하면 모두 2^n개의 수를 표현할 수 있다.

우리가 현재 주로 사용하는 컴퓨터의 기억장치는 32개의 기억소자로 연결되어 있다. 이러한 컴퓨터를 32비트 컴퓨터라 한다. 32개의 기억소자 모두 정수를 표현하는 데 사용한다면 이 컴퓨터는 최대 $2^{32}=4294967296$개의 수를 표현할 수 있다. 이 중 반에 해당하는 2147483648개는 음수를, 2147483647개는 양수를, 나머지 하나는 0을 표현한다면, -2147483648부터 2147483647까지 모든 정수를 표현할 수 있다. 이러한 표현을 고정소수점 표현이라고 한다. 64비트 컴퓨터는 18×10^{18}까지 가능하다.

그렇다면 그보다 더 많은 수는 어떻게 나타내야 할까? 소수를 이용하면 더욱 많은 수를 나타낼 수 있다. 32개의 기억소자를 이용하면 다음과 같이 실수를 표현할 수 있다.

$$x = \pm 0.a_1a_2a_3a_4a_5a_6 \times 16^c,\ 0 \le a_i < 16,\ -64 \le c \le 63$$

여기서 첫 자리의 수 $a_1 \neq 0$이다. 32개의 기억소자 중 하나는 부호(±)를 나타내고 7개의 기억소자는 지수 c를, 나머지 24개의 기억소자는 6개의 a_i를 나타낸다.

지수를 나타내는 7개의 기억소자가 표현할 수 있는 수는 $2^7 = 128$개다. 이 중 64개는 음수를 나타내고 나머지 64개는 0과 양수를 나타내면, 7개의 기억소자가 표현할 수 있는 지수 c의 범위는 -64에서 63까지다. 24개의 기억소자가 6개의 a_i를 표현하므로 각 a_i는 4개의 기억소자로 나타낼 수 있다. 따라서 4개의 기억소자로 나타낼 수 있는 수는 모두 $2^4 = 16$으로 각 a_i는 0부터 15까지 모두 16개의 수를 표현할 수 있다. 이러한 표현을 16진법이라 한다. A=10, B=11, C=12, D=13, E=14, F=15를 대신한다. 이와 같이 소수를 표현하는 32비트 컴퓨터가 표현할 수 있는 최대의 수는 약 10^{76}이고, 최소의 양의 수는 약 10^{-78}이 되어 획기적으로 많은 수를 나타낼 수 있다.

최대의 수보다 더 큰 수는 올바른 연산을 할 수 없어 에러를 발생한다. 그러나 최소의 수보다 더 작은 수는 일반적으로 0으로 처리하여 계산한다. 컴퓨터 안에서 계산은 필연적으로 오차를 발생한다.

2. 미분으로 최솟값과 최댓값 구하기

언덕이 곧추선 절벽 같은 것이 아니라면 언덕의 높이를 수평적 거리 x에 대한 함수 $y = f(x)$로 표현할 수 있다. 그렇다면 언덕 위의 한 지점 (x_1, y_1)에서 다른 지점 (x_2, y_2)까지 경사(기울기)는

$$\frac{y_2 - y_1}{x_2 - x_1} = \frac{f(x_2) - f(x_1)}{x_2 - x_1}$$

으로 표현할 수 있다. 이 비를 x_1에서 x_2까지 $y=f(x)$의 평균변화율이라고 한다. $y=f(x)$가 언덕의 높이를 나타내므로 평균변화율이 크면 언덕 아래에서 위로 쳐다본 고개가 가파르다는 것을 의미하며, 작다는 것은 완만하다는 것을 말한다.

한 지점 $x=a$에서의 기울기는 그 지점에서 수평적으로 떨어진 지점 $a+h$까지 평균변화율

$$\frac{f(a+h)-f(a)}{h}$$

에서 h가 점점 0으로 가까이 가면서 변화되는 이 평균변화율의 값이 일정한 한 값으로 다가가면 그 값을

$$\lim_{h\to 0}\frac{f(a+h)-f(a)}{h}$$

으로 나타낸다. '일정한 한 값으로 가까이 간다'는 수학용어로 '수렴한다'고 하며 그 일정한 값을 극한값이라 한다.

$x=a$에서 함수의 기울기가 되는 이 극한값을 $x=a$에서 함수 $y=f(x)$의 순간변화율이라고 한다. 이 순간변화율을 $f'(a)$로 나타내며 함수 $f(x)$의 $x=a$에서 미분계수(또는 미분값)이라고 한다. 즉, 어떤 점에서 미분계수가 크다는 것은 그 점에서 변화가 빠르다는 것을 뜻하며, 작다는 것은 느리다는 것을 뜻한다. 만일 $y=f(x)$가 언덕의 높이를 나타낸다면 어느 지점에서 순간변화율이 크다는 것은 그 지점이 급경사 지역이고, 작으면 완경사 지역임을 말한다.

점 $(a, f(a))$ 대신에 임의의 점 $(x, f(x))$에서 미분계수는 x에 대한 함수가 되어 이것을 함수 $y=f(x)$의 도함수라고 하며 다음과 같이 정의한다.

$$f'(x)=\lim_{h\to 0}\frac{f(x+h)-f(x)}{h}$$

따라서 어떤 점에서 미분계수가 크면 그 지점에서 변화가 크다는 뜻이다. 그러므로 어떤 점에서 함수의 미분계수 크기와 부호를 보면 그 지점에서 함수가 얼마나 빨리 증가하는지 또는 감소하는지 판별할 수 있다. 만일 $y=f(x)$이 시간에 따른 거리를 나타내는 함수라면 도함수 $f'(x)$는 속도를 나타내고, 두 번 미분한 $f''(x)$는 가속도를 나타낸다.

도함수의 정의로부터 함수가 증가하면 분자가 양수이므로 그 미분계수는 양수 ($f'(x)>0$)가 되고, 반대로 감소하면 분자가 음수가 되므로 미분계수는 음수 ($f'(x)<0$)가 된다. 그래서 언덕 꼭대기는 올라갔다가 내려가는 지점이므로 그 점은 미분계수가 양수에서 음수로 변하는 지점으로 0이 된다. 즉, $f'(x)=0$인 점 x에서 최댓값을 갖는다. 마찬가지로 미분계수가 음수에서 양수로 변하는 지점은 내려갔다고 올라가는 지점이므로 계곡 아래가 된다. 그러므로 그 점에서 미분계수가 음수에서 양수로 변한다. 이 경우도 $f'(x)=0$이다. 그러므로 $f'(x)=0$인 점 x를 구하면 이 점에서 주어진 함수는 최댓값 또는 최솟값을 갖게 되는 것이다.

농부가 몸을 씻고 집에 가기 위한 최소의 거리를 구하는 문제를 미분이라는 개념을 사용하여 구해보자. [그림 2](17쪽 참고)에서 C의 좌표를 x라 하면 두 점 A와 C의 거리는 $\sqrt{1+x^2}$, 두 점 C와 B의 거리는 $\sqrt{(3-x)^2+2^2}$로 C를 거쳐 B로 가는 거리는 $\sqrt{1+x^2}+\sqrt{(3-x)^2+2^2}$가 된다. 문제는 이 값이 최소가 되는 x를 구하는 것이다.

$f(x)=\sqrt{1+x^2}+\sqrt{(3-x)^2+2^2}$라고 하자. 그러면 $f(x)$가 최소가 되는 x는 $f(x)$를 미분한 값이 0이 되는 값이다. $f(x)$를 미분하면

$$f'(x)=\frac{x}{\sqrt{1+x^2}}+\frac{3-x}{\sqrt{(3-x)^2+2^2}}$$

이다. 두 분수를 통분하고 분자를 0이라 두면 $-x\sqrt{(3-x)^2+4}=(3-x)\sqrt{1+x^2}$

이 된다. 양변을 제곱하면 $x^2((3-x)^2+4)=(3-x)^2(1+x^2)$이 되고 따라서

$$x^2+2x-3=(x+3)(x-1)=0$$

이 되어 $x=1$에서 $f'(x)=0$이 된다. 그러므로 C의 위치는 1이 된다.

3. 관이 묻힌 시기와 인구 증가의 해 구하기

이집트의 한 피라미드에 있던 관이 묻힐 당시의 카본-14의 양을 1이라 하자. 그러면 $y(0)=1$이므로 $y_0=1$이 된다. 따라서 $y(t)$를 t년이 지난 후 남아 있는 카본-14의 양이라고 하면 $y(t)=e^{kt}$이다. 5730년이 지나면 반이 남아 있으므로 $\frac{1}{2}=e^{5730k}$가 된다. 따라서 상수 $k=-\frac{\ln 2}{5730}$이다. 그러므로

$$y(t)=e^{-\frac{\ln 2}{5730}t}=2^{-\frac{t}{5730}}$$

이다. 현재 방사선 원소 카본-14가 63% 남아 있으므로 $2^{-\frac{t}{5730}}=0.63$이다. 따라서

$$t=\frac{-5730\ln 0.63}{\ln 2}\approx 3819.48$$

이다. 그러므로 이 관이 묻힌 시기는 약 3819년 전으로 추정할 수 있다.

맬서스 모델 $\frac{dp}{dt}=kp,\ p(0)=p_0$의 해를 구해보자. $\frac{dp}{dt}=kp$에서 $\frac{dp}{p}=kdt$이다. 양변을 적분하면

$$\int \frac{1}{p}dp = k\int dt$$

이다. $\ln p$를 미분하면 $\frac{1}{p}$이고 t를 미분하면 1이므로 $\int \frac{1}{p}dp = \ln p$이고 $\int dt = t$이다. 따라서 임의의 상수 c에 대하여 $\ln p = kt + c$이다. 그러므로 $p = e^{kt+c} = e^c e^{kt}$이다. $p(0) = p_0$이므로 $p_0 = e^c$이다. 그러므로 해는 $p = p_0 e^{kt}$가 된다.

베르훌스트 모델 $\frac{dp}{dt} = p(a-bp)$, $p(0) = p_0$을 만족하는 해는 다음과 같이 구할 수 있다. $\frac{dp}{dt} = p(a-bp)$에서 $dt = \frac{dp}{p(a-bp)}$이다. $\frac{1}{p(a-bp)}$를 부분분수로 다음과 같이 놓자.

$$\frac{1}{p(a-bp)} = \frac{A}{p} + \frac{B}{a-bp}$$

오른쪽 항을 통분하면 모든 p에 대하여 $A(a-bp) + Bp = 1$이 성립한다. 모든 p에 대하여 $Aa + (-Ab+B)p = 1$이므로 $Aa = 1$, $-Ab + B = 0$이 된다. 따라서 $A = \frac{1}{a}$, $B = \frac{b}{a}$이다. 그러므로 베르훌스트 모델은

$$dt = \frac{1}{a}\frac{dp}{p} + \frac{b}{a}\frac{dp}{a-bp}$$

이 된다. 양쪽을 적분하면

$$t = \frac{1}{a}\int \frac{1}{p}dp + \frac{b}{a}\int \frac{1}{a-bp}dp$$

이다. $\ln(a-bp)$를 미분하면 $-\frac{b}{a-bp}$이므로 $b\int \frac{1}{a-bp}dp = -\ln(a-bp)$이다. 따라서 임의의 상수 c에 대하여

$$t+c=\frac{1}{a}(\ln p-\ln(a-bp))$$

가 성립한다. $a(t+c)=\ln p-\ln(a-bp)=\ln\frac{p}{a-bp}$ 이므로 $\frac{p}{a-bp}=e^{a(t+c)}$이다. c는 임의의 상수이므로 $e^{ac}=d$로 놓으면

$$\frac{p}{a-bp}=de^{at}$$

로 쓸 수 있다. $p=de^{at}(a-bp)$이고 $p(0)=p_0$이므로 $p=\frac{ade^{at}}{1+bde^{at}}$이고 $d=\frac{p_0}{a-bp_0}$이다. 그러므로 양쪽에 $a-bp_0$를 곱하면

$$p=\frac{ap_0e^{at}}{(a-bp_0)+bp_0e^{at}}$$

다시 분모와 분자에 e^{-at}를 곱하면 베르훌스트 모델을 만족하는 해는

$$p(t)=\frac{ap_0}{bp_0+(a-bp_0)e^{-at}}$$

이다. a는 양수이므로 $\lim_{t\to\infty}e^{-at}=0$이다. 따라서 $\lim_{t\to\infty}p(t)=\frac{a}{b}$가 되어 결국 개체수는 $\frac{a}{b}$로 가까이는 가지만 이를 넘지는 않는다.

4. 인류 최고의 걸작품 인도·아라비아 숫자

영국의 철학자 러셀(B. Russell)은 다음과 같이 말했다.

"한 쌍의 꿩과 이틀이라는 날짜가 둘 다 2라는 수의 구체적인 예임을 우리가 깨닫게 되기까지는 너무도 길고 긴 세월이 흘러야 했다."

인류가 사용한 수에 대한 가장 오래 된 기록은 남아프리카 스와질란드에서 발굴된 기원전 35,000년경의 비비의 종아리 뼈에 남아 있는 29개의 선명한 금이라 한다. 체코슬로바키아의 베스트니츠 마을에서 발견된 기원전 30,000년경으로 추측되는 늑대 뼈에는 다섯 개씩 묶인 금이 새겨져 있다고 한다.

이처럼 인간이 모여 사는 곳에는 셀 수 있는 수단이 필요했다. 따라서 인류의 문명이 시작된 곳에는 수를 표시하는 것이 반드시 있었다. 고대문명을 이룬 이집트, 메소포타미아 그리고 중국에서는 나름대로 수를 표기했다. 수를 나타내는 여러 기호 중에서 오늘날 아라비아 숫자라고 알려져 있는 기호 '0, 1, 2, 3, 4, 5, 6, 7, 8, 9'를 이용한 십진법의 발명은 인류가 발명한 그 모든 것 중에서 최고의 걸작품이라고 할 수 있다. 이 숫자가 없었다면 얼마나 계산하기가 불편했을지 중국에서 사용한 숫자 일(一), 이(二), 삼(三), 사(四), … 와 로마에서 사용한 숫자 I, II, III, IV, … 를 갖고 계산을 비교해 보라. 아라비아 숫자 없이는 현재 인류가 누리는 문명은 꿈도 꿀 수 없는 일이었을 것이다. 아라비아 숫자로 수를 나타내는 것이 매우 편리했음에도 불구하고 이 숫자는 1300년까지도 유럽에서 종교적인 이유로 사용이 금지되었다. 유럽에서는 1800년이 되어서야 유럽 전체에 아라비아 수가 보급되었다.

10개의 기호 '0, 1, 2, 3, 4, 5, 6, 7, 8, 9'의 조합으로 이루어지는 십진법은 원래 상인의 나라였던 인도에서 그 쓰임새로 인해 만들어졌으나 아라비아로 건너가 다듬어지고 다시 유럽으로 건너가 널리 알려졌다. 이러한 역사성 때문에 이 기호를 '인도·아라비아 숫자(Hindu-Arabic figure)'라고 부른다.

아라비아 숫자를 이용하여 수가 어떻게 확장됐는지 알아보자. 기본이 되는 수를 1이라 하고 1에 1을 더하여 생기는 수를 2, 2에 1을 더하여 생기는 수를 3이라 하자. 이와 같이 반복적으로 1을 더하여 생기는 모든 수 1, 2, 3, 4, 5, 6, … 를 자연수라고 한다. 자연수의 특징은 자연수끼리는 서로 더해도 자연수가 되며 따라서 서로 곱해도 그 결과는 자연수가 된다. 이 자연수만 갖고도 인류는 큰 어려움이 없이 사용했다. 그러나 자연수를 갖고는 큰 수에서 작은 수를 빼는 것은 표현할 수 있으나 작은 수에서 큰 수를 빼는 것은 어떻게 나타낼 수가 없었다. 다시 말하면 자연수는 자신이 갖고 있는 재산의 양을 나타낼 수는 있어도 자신이 진 빚은 나타낼 수 없었다. 상업을 활발히 한 인도인은 '0'과 음수의 개념을 처음으로 확립하였다. 그러나 '0'의 개념을 도입하고도 인류가 '0'을 수로 인정할 때까지는 오랜 세월이 걸렸다. 직선 위에 원점 0을 정하고 그 왼쪽을 음수로 표기하고, 오른쪽을 양수로 나타내는 수직선이 도입되어서야 음수와 0의 개념은 급속히 보급되었다.

아무것도 없는 상태를 '0'으로 하고, 작은 수에서 큰 수를 뺀 것을 큰 수에서 작은 수를 뺀 자연수 앞에 기호 '$-$'를 붙였다. 이와 같은 수를 음의 자연수로 한다. 그러면 자연수(또는 상대적으로 양의 자연수라고도 함)와 음의 자연수 그리고 0을 포함한 모든 수 $0, \pm 1, \pm 2, \pm 3, \cdots$ 를 정수라고 부른다. 자연수로부터 확장된 정수의 특징은 정수끼리 더하는 것은 물론 빼는 경우도 그 결과는 다시 정수가 된다는 것이다. 그러나 문명이 발전하면서 일부분을 표시할 필요가 생겼다. 그러나 정수는 부분을 나타낼 수 없었다. 그래서 분수라는 개념이 생겼고, 이 수를 유리수라고 정의하였다. 즉, 유리수는 정수와 정수의 비를 나타낸다. 예를 들어 -3, $\frac{4}{5}$, 0.15, 0.333, $\cdots$과 같이 유리수는 모두 분수로 나타낼 수 있다. 유리수의 특징은 유리수끼리 서로 더하거나 빼거나 곱하거나 나누어도 그 결과는 다시 유리수가 되는 것이다. 이것을 사칙연산($+$, $-$, $\times$, $\div$)에 의하여 '닫혀 있다'고 한다. 피타고라스는 우주의 모든 현상은 유리수의 관계 속에서 표현할 수 있다고 믿어 '만물은 수이다'라고 주장했다. 그는 옛날부터 전해 내려오는 피타고라스 정리를 증명하고 "이것은 나 혼자만의 힘으로 된 것이 아니고 오로지 신의 도움으로 가능했다"라고 기뻐하며 황소 100마리를 잡아 신에게 공물로 바쳤다고 한다. 그러나 그 결과 유리수로 표현할 수 없는 수를 발견하게 되었다.

그는 그 사실을 감추려고 했으나 무리수는 세상에 알려졌다. 정수의 비로 표현할 수 없는 수, 즉 분수로 표기될 수 없는 이 수를 우리는 무리수라고 한다.

모든 유리수는 소수로 표현할 수 있다. 그러나 자리수가 무한인 소수는 유리수로 표현되지 않을 수도 있다. 소수 중 순환하는 마디가 있는 소수는 분수로 표현할 수 있으나, 순환하는 마디가 없는 소수는 분수로 표현할 수 없다. 따라서 순환하는 마디가 없는 소수는 무리수이다. 예를 들어 원주율 π, 자연로그의 밑수로 쓰이는 e, 한 변의 길이가 1인 정사각형의 대각선의 길이 $\sqrt{2}$ 등은 순환마디가 없는 소수로 무리수이다. π의 경우 1761년에 이르러서야 스위스의 수학자 람베르트(J. H. Lambert, 1728~77)가 처음으로 무리수임을 증명하였다. 원주에 대한 지름의 비로 사용되는 이 기호 π는 영국의 작가 존스(William Jones)가 1706년 자신의 책에서 최초로 이 기호를 사용하였고, 1737년 오일러가 이 기호를 채택하면서 널리 사용되었다고 한다. 유리수와 무리수를 함께 실수라고 한다.

무한개념이 도입되면서 유리수의 극한이 반드시 유리수로 수렴하는 것은 아니라는 것을 알게 되었다. 예를 들어 1.4, 1.41, 1.414, 1.4142, 1.41421, ⋯ 와 같은 유리수는 갈수록 점점 그 앞 항과의 격차가 점점 줄어든다. 그러나 이 극한은 유리수가 되지 않는다. 그러나 유리수가 실수로 확장되면서 이러한 걱정은 사라졌다. 실수의 극한은 반드시 실수로 수렴한다. 이것을 실수의 완비성이라 한다.

실수의 제곱은 항상 양수가 된다. 그러나 수학과 과학이 점점 발전하면서 제곱해서 음수가 되는 수를 생각하게 되었다. 그래서 제곱해서 -1이 되는 그 수를 우리는 i라고 정의하고 그 수를 허수라 하였다. 허수의 아버지는 카르다노(Cardano, 1501~1576)라고 한다. 그 이유는 그가 2차방정식의 해법을 구하면서 처음으로 허수를 이용하였기 때문이다. 실수를 더욱 확장하여 실수와 허수의 결합 $x+iy$와 같은 꼴의 수(여기서 x, y는 실수)를 만들 수 있다. 이 수 $x+iy$를 복소수라 부른다. 이 복소수의 체계를 통해서 비로소 “n차 방정식은 복소수 위에서 n개의 해를 반드시 갖는다.”는 대수학의 기본정리가 성립된다.

6. 비유클리드 기하학의 배경과 영향

평행공준은 다른 공준과 달리 간단하지도 않고 문장도 매우 길다. 또한 '무한히'라는 표현을 사용하여 이 의미를 직관적으로 파악하기 어려웠다. 이 공준의 내용을 유한적인 내용으로 또는 좀 더 간결한 말로 바꾸고자 하였다. 많은 수학자가 평행공준을 다른 공준을 이용하여 증명하려 했으나 모두 실패했다. 더구나 18세기의 유명한 철학자인 칸트(E. Kant)는 "유클리드 기하학의 공리와 공준은 인간의 마음에 부과된 선험적인 판단으로, 이 공리와 공준 없이는 공간에 대한 어떠한 무모순의 추론도 불가능하다"고 했다. 평행공준의 독립성을 주장하는 것은 칸트의 철학에 정면으로 도전하는 셈이고 유럽의 사상계를 지배하던 권위적인 분위기에 맞서야 하는 엄청난 부담을 안는 것이었다.

그러므로 가우스와 보여이 그리고 로바체프스키에 의하여 발견된 비유클리드 기하학은 오랫동안 인정받지 못했다. 1871년 클라인은 "주어진 직선 위에 있지 않은 한 점을 지나서 주어진 직선에 평행한 직선은 두 개 이상 존재한다"를 쌍곡공리(hyperbolic axiom)라 하고, 이에 근거한 기하학을 쌍곡기하학라 했고, "주어진 직선 위에 있지 않은 한 점을 지나서 주어진 직선에 평행한 직선은 존재하지 않는다."에 근거한 기하학을 타원기하학라 했다. 쌍곡공리에 대한 무모순성은 벨트라미, 클라인, 푸앵카레 등이 증명하였다. 따라서 유클리드 기하학에 모순이 없다면 쌍곡기하학에도 모순이 없게 되었다. 결국 평행공준이 다른 공준들과 독립이라는 것이 인정되었으며 기하학을 전통적인 틀에서 해방시켜 다른 기하학의 체계를 창조하게 되었다. 이는 수학의 진리는 '절대적이다'라는 견해에 타격을 주어 수세기 동안 지배했던 사고의 형태를 깨트려 인간의 사고에 큰 전환점을 가져왔다. 칸토어는 "수학의 본질은 그것의 자유에 있다."고 하여 수학자는 마음대로 수학적인 체계에 근거할 공준을 고안해서 단지 그것들이 모순이 없기만 하면 실제적인 물리적 공간에 얽매일 필요 없이 인공적인 기하학을 창조할 수 있다는 것이다.

유클리드 기하학이 생기고 2000년이나 지난 후 비유클리드 기하학이 나온 이유는, 유클리드 기하학과 비유클리드 기하학은 전혀 다른 의식 구조를 바탕에 깔고 있었고, 인간의 정신세계를 지배하던 칸트의 공간철학이나 인식론이 비유클리드 기하학의 탄생에 저항했으며, 과학세계를 지배하던 뉴턴(I. Newton, 1642~1727) 역학이 비유클리드 기하학의 탄생을 방해했기 때문이다.

유클리드 기하학은 평면에서의 기하학이고 로바체프스키 기하학은 오목한 면에서의 기하학 그리고 리만 기하학은 볼록한 면에서의 기하학으로 볼 수 있다. 이 세 가지의 기하학은 충분히 작은 지역에서는 거의 일치한다. 뉴턴 역학과 아인슈타인(Albert Einstein, 1879~1955) 역학은 좁은 지역에서는 거의 일치하나 우주에서는 매우 다르다. 특히 리만기하학이 우주를 가장 잘 설명한다. 리만기하학은 아인슈타인의 일반상대성 이론의 수학적인 모델이 되어 중력장 설명에 이용되었다.

실질적인 우주세계를 완벽하게 기술할 수 있는 기하학은 아직 없다. 우리는 유클리드 공간에서 살고 있는 것이 아니라 비유클리드 공간에서 살고 있다. 유클리드 기하학에서 말하는 엄밀한 의미의 직선 또는 평면이 현실에 존재할까? 그것들은 엄청 큰 원의 한 부분 또는 엄청 큰 구의 한 부분으로 볼 수 있지 않을까? 절대적인 진리는 상대적인 진리로 대체되어야만 했다.

유클리드 기하학과 비유클리드 기하학을 비교하면 다음 표와 같다.

	유클리드 기하학	비유클리드 기하학	
	포물기하학	쌍곡기하학	타원기하학
시기	기원전 400	1829	1851
창시자	유클리드	가우스, 로바체프스키, 보여이	리만
평행선의 수	하나	무한	없음
모형	평면	오목한 면	볼록한 면
직선의 크기	무한	무한	유한
삼각형 내각의 합	180°	< 180°	> 180°
사각형 내각의 합	360°	< 360°	> 360°
정사각형	존재함	없음	없음
닮음꼴	존재함	없음	없음

7. 적분은 모두 합하는 것

수 a_1과 a_2를 합하면 a_1+a_2라 쓰면 되고, a_1, a_2, a_3를 모두 합하면 $a_1+a_2+a_3$라 쓰면 된다. 그보다 훨씬 더 많은 여러 개를 합할 때 그것을 일일이 모두 적어 표기할 수는 없다. 따라서 $a_1+a_2+\cdots+a_n$와 같이 표기한다. 이와 같이 합할 때 수학에서는 $\sum$란 기호를 사용하여 간단히 표기한다. $\sum_{k=0}^{n} a_k$란 a_0부터 a_n까지 모두 합하라는 약속으로 다음과 같은 뜻이다.

$$\sum_{k=0}^{n} a_k = a_0 + a_1 + a_2 + \cdots + a_n$$

따라서 c가 상수이면 $\sum_{k=0}^{n} ca_k = ca_0 + ca_1 + \cdots + ca_n = c\sum_{k=0}^{n} a_k$이다. 그러므로 모든 항 a_i가 1이면($a_0 = a_1 = \cdots = a_n = 1$), 그 합은 $\sum_{k=0}^{n} 1 = n+1$이 되고 $\sum_{k=0}^{n} c = c(n+1)$이 된다. 또한 1부터 n까지의 합은 다음과 같다.

$$1+2+3+\cdots+n = \sum_{k=1}^{n} k = \frac{n(n+1)}{2}$$

대학을 졸업하고도 아직 취업을 못한 동순이는 오늘도 직장을 알아보려 다니고 있다. 우연히 뒤진 취업소개지에서 자신의 적성에 맞는 부업을 찾았다. 사장은 1년 계약으로 고용하되 하루 4시간씩 주말인 토요일과 일요일만 일하고 인건비는 다음과 주겠으니 한 가지 방법을 택하라고 했다.

(1) 첫 달은 64만원을 주고 매달 6만 4천 원씩 더 올려준다.

(2) 첫 주는 16만원을 주고 매주 4천 원씩 더 올려준다.

(3) 첫 날은 8만원을 주고 매일 1천 원씩 더 올려준다.

계산의 편리성을 위해 한 달은 4주라고 하자. 따라서 일 년은 12달 또는 48주이고 매주 이틀 일하므로 일 년에 일하는 날은 오직 96일이다. 연봉으로 했을 경우 어느 방법이 가장 좋을까? 연봉은 1년간 받은 모든 급여를 합한 것으로 기호 $\sum$을 사용하여 모두 합할 수 있다.

(1)을 택하면 첫 달 월급은 64만 원, 둘째 달은 70만 4천 원, 셋째 달은 76만 8천 원이다. 이것을 12달 모두 더하면 다음과 같이 1190만 4천 원이다.

$$\begin{aligned} 64+70.4+76.8+\cdots+134.4 &= \sum_{k=0}^{11}(64+6.4k) \\ &= 64\times 12+6.4\times\frac{11\times 12}{2}=1190.4 \end{aligned}$$

(2)를 택하면 주급은 첫 주는 16만 원, 둘째 주는 16만 4천 원, 셋째 주는 16만 8천 원이다. 이것을 48주 모두 더하면 다음과 같이 1219만 2천 원이다.

$$\begin{aligned} 16+16.4+16.8+\cdots+34.8 &= \sum_{k=0}^{47}(16+0.4k) \\ &= 16\times 48+0.4\times\frac{47\times 48}{2}=1219.2 \end{aligned}$$

(3)을 택하면 일당은 첫 날은 8만 원, 둘째 날은 8만 1천 원, 셋째 날은 8만 2천 원이다. 이것을 96일 모두 더하면 다음과 같이 1224만 원이다.

$$\begin{aligned} 8+8.1+8.2+\cdots+17.5 &= \sum_{k=0}^{95}(8+0.1k) \\ &= 8\times 96+0.1\times\frac{95\times 96}{2}=1224 \end{aligned}$$

위와 같은 합산을 함수를 이용하여 나타내 보자. $f(x)=64+6.4x$라고 하면 (1)~(3)까지 합하는 것은 다음과 같이 모두 하나의 식으로 나타낼 수 있다.

(1) $\sum_{k=0}^{11}(64+6.4k)=\sum_{k=0}^{11}f(x_k)\times h$, 단 $x_k=hk,\ h=1$

(2) $\sum_{k=0}^{47}(16+0.4k)=\sum_{k=0}^{47}\left(64+6.4\times\frac{k}{4}\right)\frac{1}{4}=\sum_{k=0}^{47}f(x_k)\times h$, 단 $x_k=hk,\ h=\frac{1}{4}$

(3) $\sum_{i=0}^{95}(8+0.1k)=\sum_{k=0}^{96}\left(64+6.4\times\frac{k}{8}\right)\frac{1}{8}=\sum_{k=0}^{95}f(x_k)\times h$, 단 $x_k=hk,\ h=\frac{1}{8}$

시급으로 받으면 하루 4시간 일하므로 $h=\frac{1}{32}$로 더 작아지고 합하는 것은 384개로 늘어난다. 분당 받거나 초당 받는 식으로 점점 h를 작게 하면 연봉은 다음과 같이 나타낼 수 있다.

$$\lim_{n\to\infty}\sum_{k=0}^{12n-1}f\left(\frac{k}{n}\right)\frac{1}{n}$$

이 값을 구하기 위해 유한개를 먼저 합하면

$$\begin{aligned}\sum_{k=0}^{12n-1}f(\frac{k}{n})\frac{1}{n} &= \sum_{k=0}^{12n-1}\left(64+6.4\frac{k}{n}\right)\frac{1}{n}\\ &= \frac{64}{n}\sum_{k=0}^{12n-1}1+\frac{6.4}{n^2}\sum_{k=0}^{12n-1}k\\ &= \frac{64}{n}(12)n+\frac{6.4}{n^2}\frac{(12n-1)12n}{2}=768+6.4\left(72-\frac{6}{n}\right)\end{aligned}$$

이다. n이 점점 커지면 $\frac{1}{n}$은 0으로 가므로 무한합

$$\lim_{n\to\infty}\sum_{k=0}^{12n-1}f\left(\frac{k}{n}\right)\frac{1}{n}=1228.8$$

이다.

이 값을 $\int_0^{12} f(x)dx$라고 나타내며 함수 $f(x)$의 $x=0$에서 12까지 정적분이라고 한다. 정적분 $\int_0^{12} f(x)dx$은 함수 $y=f(x)$와 $x=0$, $x=12$ 그리고 x 축으로 둘러싸인 면적과도 같다. 일반적으로 함수 $y=f(x)$가 x의 범위 $[a, b]$ 위에서 양수일 때 x축으로 둘러싸인 면적은 다음과 같이 정의한다.

$$\int_a^b f(x)dx = \lim_{n\to\infty}\sum_{k=0}^{n-1} f(x_k)h = \lim_{n\to\infty}\sum_{k=1}^{n} f(x_k)h$$

여기서 $x_k = a + hk$, $h = \frac{b-a}{n}$이다.

$[a, b]$의 임의의 점 t에서 $\int_a^t f(x)dx$의 값은 t에 따라 달라진다. 즉, t에 관한 함수가 된다. 따라서 이 함수를 $g(t) = \int_a^t f(x)dx$라고 하면 $\frac{dg(t)}{dt} = f(t)$가 된다. 이것을 미분적분학의 기본정리라 한다. 다시 말하면 어떤 함수를 적분한 다음 다시 미분하면 적분 안에 있는 함수가 된다.

$$\frac{d}{dx}\int_a^x f(t)dt = f(x)$$

그러므로 $F'(x) = f(x)$라고 하면

$$\int_a^b f(x)dx = \int_a^b F'(x)dx = F(b) - F(a)$$

이 된다. 이 값을 함수 $f(x)$의 구간 $[a,b]$ 위에서 정적분이라고 한다.

$\int f(x)dx$은 함수로 부정적분이라 하며 만일 $F(x) = \int f(x)dx$이면 $F'(x) = f(x)$가 된다. 그러므로 부정적분을 알면 정적분은 쉽게 구할 수 있다.

8. 디랙 델타 함수

주어진 구간 위에서 일정한 값을 갖고 그 구간 밖에서는 0이며, 실수 전 구간 위에서 둘러싸인 면적(적분값)이 1인 함수를 단위 충격함수(unit impulse function)라 하며 다음과 같이 정의한다.

$$\delta_a(t-t_0) \equiv \begin{cases} \dfrac{1}{2a}, & t \in (t_0 - a, t_0 + a) \\ 0, & t \notin (t_0 - a, t_0 + a) \end{cases}$$

이 함수를 실수 위에서 적분한 값은 a와 t_0에 관계없이 항상 1이다. 즉

$$\int_{-\infty}^{\infty} \delta_a(t-t_0)dt = 1$$

이다.

$y = \delta_a(t-t_0)$는 a가 0으로 가까이 가면 점차 t_0을 제외한 모든 곳에서는 0이 되고 0에서는 그 값이 존재하지 않는다. 그러나 면적은 변함없이 항상 1이다. 이 함수를 다음과 같이 정의하며, t_0에서 디랙 델타 함수라고 한다.

$$\delta(t-t_0) = \lim_{a \to 0} \delta_a(t-t_0)$$

따라서 디랙 델타 함수는 t_0을 제외한 모든 곳에서는 0이 되고, 0에서는 그 값이 존재하지 않는다. 그러나 $\int_{-\infty}^{\infty} \delta(t-t_0)dt = 1$인 함수로 어느 곳에서도 보이지 않으나 존재한다. 예를 들어, $t_0 = 0$인 경우 단위충격함수 $y = \delta(t)$은 0을 제외한 모든 점에서 0이며 0에서는 존재하지 않으나 그 면적은 1로 존재하는 함수이다.

디랙 델타 함수는 t_0에서 그 값이 유한이고 연속인 함수 $g(t)$와 만나면 t_0에서

$g(t)$의 함숫값 $g(t_0)$로 자신을 나타낸다. 즉

$$\int_{-\infty}^{\infty} \delta(t-t_0)g(t)dt = g(t_0)$$

9. 유한 속의 무한

넓이는 유한이고 그 둘레는 무한인 도형이 있을까? [그림 1]과 같은 선분이 있다. 이 선분의 가운데 $\frac{1}{3}$을 60도 위로 꺾어 올리고 [그림 2]와 같이 잘린 부분을 삼각형 모양으로 같은 길이로 연결하자. 같은 방법으로 [그림 2]에 있는 각 선분의 가운데 $\frac{1}{3}$을 꺾어서 삼각형 모양으로 각각 만든다. 이러한 과정을 반복하자.

[그림 1] 처음 단계

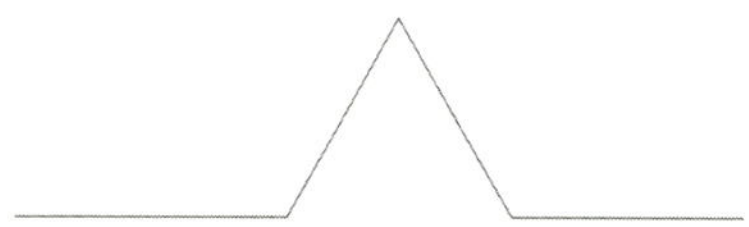

[그림 2] 1단계

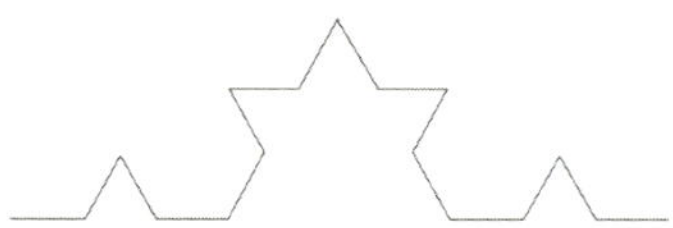

[그림 3] 2단계

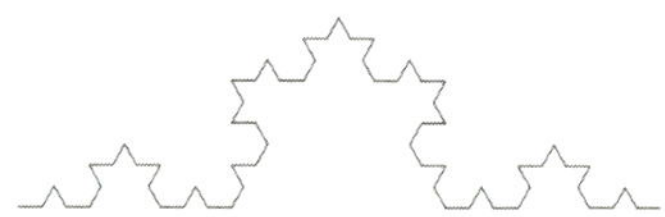

[그림 4] 3단계

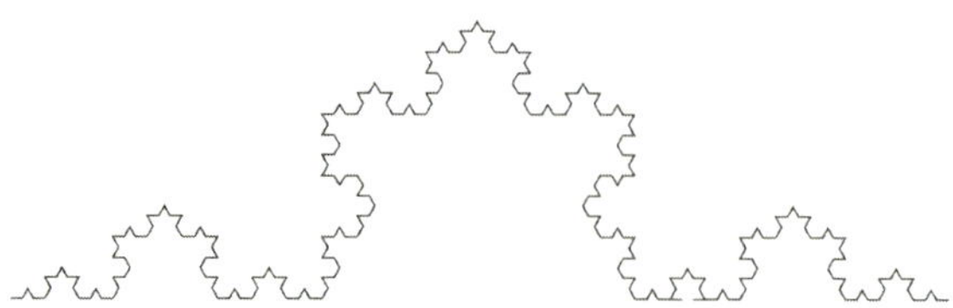

[그림 5] 4단계

위와 같이 만들어진 곡선을 코흐(Koch)곡선이라고 한다. 코흐곡선과 같은 도형의 길이는 반복할수록 그 길이가 커진다. 코흐곡선의 기본 단계인 [그림 1]의

한 변의 길이를 1이라고 하면 첫 번 단계는 선분의 가운데 $\frac{1}{3}$을 삼각형 모양으로 올린 도형으로 전체의 길이는 $\frac{1}{3}\times 4=\frac{4}{3}$이고 똑같은 방법으로 두 번째 단계의 길이는 $\left(\frac{1}{3}\right)^2\times 4\times 4=\left(\frac{4}{3}\right)^2$, 세 번째 단계의 길이는 $\left(\frac{4}{3}\right)^3$, 네 번째 단계의 전체 길이는 $\left(\frac{4}{3}\right)^4$가 된다. 이것을 반복하면 n번째 단계의 도형의 전체 길이는 $\left(\frac{4}{3}\right)^n$이 되어 점점 길이가 늘어난다. n번째 단계의 코흐곡선의 전체 길이는 $\left(\frac{4}{3}\right)^n$이므로 이것을 반복하면 $\frac{4}{3}$는 1보다 큰 수이므로 n이 클수록 점점 커져 그 도형의 길이는 무한이 된다.

한 변의 길이가 1인 정삼각형의 각 변에 위와 같은 코흐곡선을 그려보자. 이러한 도형을 코흐의 눈송이라고 한다. 코흐곡선으로 둘러싸인 코흐의 눈송이는 그 둘레는 무한이지만 면적은 유한한 값을 갖게 된다.

부피는 유한하고 표면적은 무한한 도형도 있다. 함수 $f(x)=\frac{1}{x}$, $1\le x<\infty$를 x축을 중심으로 회전하여 생기는 회전체의 부피는

$$\pi\int_1^\infty \frac{1}{x^2}dx=-\frac{\pi}{x}\Big|_1^\infty=\pi$$

으로 유한하다. 그러나 표면적은

$$2\pi\int_1^\infty \frac{1}{x}dx=2\pi\ln x\Big|_1^\infty=\infty$$

으로 무한대이다. 따라서 이 도형 내부는 유한한 양의 물감으로 채울 수 있지만, 표면에 색칠을 하려면 무한한 양의 물감이 필요하여 절대 일을 끝낼 수 없다.

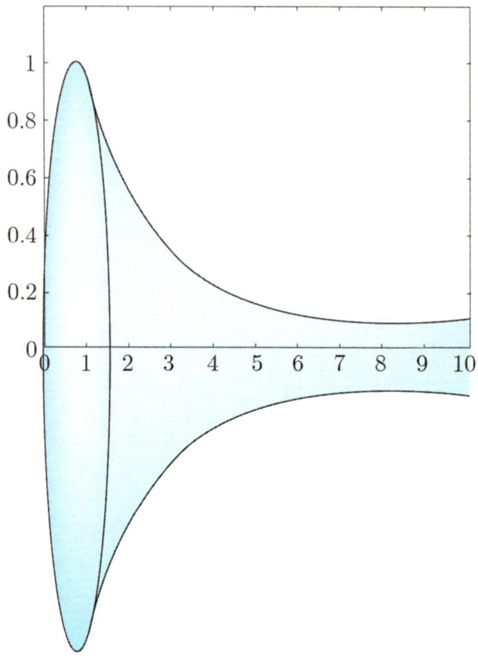

11. 집합의 창시자 칸토어

칸토어(Georg Ferdinand Ludwig Philipp Cantor)는 1845년 3월 러시아의 상트페테르부르크에서 출생했다. 초등학교를 마친 칸토어는 12세 되던 해에 가족을 따라 독일의 프랑크푸르트로 이주했다. 유대교에서 신교로 개종한 아버지와 가톨릭 신자인 어머니 사이에서 그는 평생을 두고 신학에 관심을 가졌다. 이러한 성장 배경이 무한의 성질을 연구하는 데 영향을 주었다고 할 수 있다.

칸토어는 1867년 베를린 대학에서 정수론(number theory)에 대한 연구로 박사학위를 받았고 이듬해 할레(Halle) 대학의 교수가 되어 평생을 그 대학에서 보냈다. 그는 "수학에서는 주어진 문제를 푸는 것보다 문제를 제기하는 예술이 훨씬 중요하다."고 말하며 이를 자신이 하는 학문의 신조로 삼았다. 미적분에서 사용되는 엄격한 접근 방법을 완전히 터득하고 수직선 위에서 여러 종류의 수 사이의 근본적인 차이점을 생각하면서 수로 구성된 집합의 크기를 비교하는 방법을 찾게 되었다.

1878년에 〈집합론에 관하여〉라는 논문이 발표되었다. 칸토어에 따르면 집합은 우리의 직관 또는 사고의 대상으로 확정되었고 서로 명확히 구별되는 것들을 하나의 전체로 보았다. 즉, A가 집합이라면 임의의 a는 A에 속하거나 속하지 않거나 둘 중 하나이어야 한다. 이것을 기호로 표현하면 $a \in A$이거나 또는 $a \notin A$이다. 또한 두 원소 a, b가 A에 속하면 둘은 같거나 아니면 틀려야 한다는 것이다. 즉, 기호를 사용하면 a, $b \in A$에 대하여 $a = b$이거나 또는 $a \neq b$이다.

그는 두 집합 사이에 일대일 대응이 있으면 두 집합의 수는 같다고 했다. 이 개념을 원소가 무한히 많은 집합까지 적용했다. 당시만 해도 무한대는 오직 물리적인 크기로만 존재하였다. 크기는 유한하지만 커지는 과정이 끊임없이 계속되는 것이다. 그러나 칸토어는 무한의 개념을 확실하게 정립하여 새로운 무한의 세계를 펼쳤다.

그는 전체가 아닌 그 부분을 전체에 일대일 대응시킬 수 있으면 그 집합을 무한집합으로 정의했다[10장 참조]. 따라서 무한집합에서는 유한집합과 달리 전체와 부분이 같을 수도 있으며 무한은 모두 같은 것이 아니라 그중에는 크고 작은 것이 있다고 주장하고 보여주었다.

자연수의 크기(cardinal number)를 $\aleph_0$개라 하고 이 수는 정수나 유리수의 개수와도 같다는 것을 보였다. 그러나 실수의 크기는 이 수를 훨씬 능가한다는 것을 밝혔다. 이로써 크기가 서로 다른 무한한 집합들이 존재하는 것을 보여 집합론이 탄생하게 되었다. 실수의 크기는 C라고 나타냈으며, 이 수는 자연수의 부분집합의 집합으로 된 집합(power set)의 크기인 $\aleph_1$과 같음을 증명했다. 그러나 자연수의 크기인 $\aleph_0$보다 크고 실수의 크기인 $\aleph_1$보다 작은 무한집합을 찾으려고 노력했으나 실패하고 "$\aleph_0$보다 크고 $\aleph_1$보다 작은 밀도를 갖는 무한집합은 존재하지 않는다."는 소위 연속체 가설을 내세웠다. 이뿐 아니라 무한한 크기를 갖는 집합들 사이에는 그보다 더 큰 크기를 갖는 집합이 존재한다는 것을 증명하여 무한한 크기를 마치 유한한 크기의 순서를 나타내듯이 다시 크기 순서로 나열했다.

칸토어는 "수학의 본질은 자유에 있다."고 주장했다. 수학은 그 발전에 있어서 완전히 자유로워야 하다는 것이다. 다만 수학적인 개념은 자기 모순에 빠져서는 안 된다는 제약이 있어야 한다. 마치 모든 것을 막을 수 있는 방패가 있고, 모든 것을 뚫는 창이 있다는 식의 모순이 있어서는 안 되는 것이다.

시대를 앞서는 그의 발견은 당시 동료 수학자들의 높은 찬사도 받았지만 격렬한 비난도 받았다. 오고가는 논쟁으로 극심한 정신적 질환을 겪은 칸토어는 1884년 입원하게 된다. 그러나 뒤이은 아들의 죽음으로 다시 정신요양원에 수용되었다. 이후 정신요양원에 수용과 퇴원을 반복하였다. 그의 논문 〈집합론에 관하여〉가 발표된 이후 알려진 집합론의 이론들을 1895년부터 1897년 사이에는 체계적으로 정리했다. 그러나 러셀(B. Russell)의 집합에 관한 역설 등 집합을 만드는데 있어 모순이 나타난 것을 알게 됐으나 해결하지 못했다.

칸토어는 인생의 황혼기에 가서야 겨우 독일의 수학자들에게 인정을 받게 됐다. 그러나 그의 건강은 나빠져 1918년 1월에 사망했고 할레에 묻혔다. 오늘날 할레 대학교 본부 건물 앞에는 그의 흉상이 놓여 있다. 오늘날 집합은 거의 모든 수학 교과서에서 소개한다. 집합론은 거의 모든 수학의 분야를 설명할 정도로 오늘날 수학의 가장 중요한 개념이 되었다. 당대 독일의 최고 수학자인 힐베르트(David Hilbert)는 칸토어의 연구를 "수학적 사고가 빚어낸 가장 놀라운 결과물이며, 인간의 순수 이성에 의해 만들어진 최고의 걸작이다."라고 칭송했다.

12. 라플라스 변환

라플라스 변환은 미분방정식을 다항방정식으로 변환할 수 있다. 다항방정식의 해는 인수분해나 조립제법 그리고 근의 공식에 의하여 구할 수 있다. 그래서 미분방정식의 해를 구하는 대신 변환된 다항방정식의 해를 구한 다음 그 해를 다시 역라플라스 변환하여 미분방정식의 해를 얻을 수 있게 된다.

함수 $f(t)$가 $[0, \infty)$에서 정의되었을 때 라플라스 변환 $L[f(t)]$을 다음과 같이 정의한다.

$$L[f(t)] = \int_0^\infty e^{-st} f(t)dt$$

함수의 라플라스 변환 $L[f(t)]$에는 변수 s가 들어 있어 라플라스 변환 역시 함수가 된다. $f(t)$의 라플라스 변환 $L[f(t)] = F(s)$로 흔히 사용한다.

예를 들면 $f(t) = 1$일 때 $F(s)$는 라플라스 변환의 정의에 의해서 다음과 같이 된다.

$$F(s) = \int_0^\infty e^{-st} \cdot 1dt = -\frac{e^{-st}}{s}\Big|_0^\infty = \frac{1}{s}, \text{ 단 } s > 0$$

같은 방법으로 $f(t) = t$일 때 $F(s)$는 부분적분법을 사용하여 다음과 같이 구할 수 있다.

$$\begin{aligned} F(s) &= \int_0^\infty e^{-st} \cdot t\,dt \\ &= -\frac{1}{s}\left[te^{-st}\Big|_0^\infty - \int_0^\infty e^{-st}dt\right] \\ &= -\frac{1}{s}\left[te^{-st} + \frac{e^{-st}}{s}\right]\Big|_0^\infty = \frac{1}{s^2}, \ s > 0 \end{aligned}$$

이와 같은 라플라스 방법은 필요할 때마다 구할 필요 없이 필요한 변환은 이미 다 만들어져 있다. 따라서 라플라스 변환표를 보고 대입하여 구하면 된다. 주요한 변환은 다음과 같다.

f(t)	F(s)	f(t)	F(s)
1	$\frac{1}{s},\ s>0$	t	$\frac{1}{s^2},\ s>0$
e^{at}	$\frac{1}{s-a},\ s>a$	t^2	$\frac{2}{s^3},\ s>0$
$\sin t$	$\frac{1}{s^2+1}$	$\cos t$	$\frac{s}{s^2+1}$

13. mod란?

$n=m\ (\mathrm{mod}\ k)$이란 두 자연수 n과 m을 k로 나눌 때 그 나머지가 같은 수를 말한다. 예를 들면 5와 8은 3으로 나누면 나머지가 2로 같으므로 $5=8$ (mod 3)이다. 따라서 mod 2는 자연수(N이라 하자) 전체를 홀수와 짝수로 나눈다. 왜냐하면 홀수는 2로 나눌 때 나머지가 1인 수이고 짝수는 나머지가 0인 수이다. 홀수를 $\bar{1}$이라 하고 짝수를 $\bar{2}$라고 하면 $\bar{1}$과 $\bar{2}$ 사이에는 공통된 수가 없고($\bar{1}\cap\bar{2}=\varnothing$) 합하면($\bar{1}\cup\bar{2}=N$) 자연수 전체가 되기 때문이다. 이것을 분할한다고 한다.

마찬가지로 mod 3은 정수(Z) 전체를 나머지가 0인 부분과, 1인 부분 그리고 2인 부분으로 분할한다.

$$\bar{1}\cap\bar{2}=\varnothing,\ \overline{2\cap}\,\bar{3}=\varnothing,\ \bar{1}\cap\bar{3}=\varnothing,\ \bar{1}\cup\bar{2}\cup\bar{3}=Z$$

mod 7은 요일에서 확인할 수 있다. 일(0), 월(1), 화(2), 수(3), 목(4), 금(5), 토(6)으로 생각하면 날을 7로 나누면 각 요일에 해당하는 날은 모두 나머지가 같음을 알 수 있다. 즉, 한 달은 7개의 요일로 겹치지 않고 정확히 분할된다.

mod 12는 월을 mod 24는 시간을, mod 60은 분을, mod 360은 각도를 나타내는데 매우 편리하게 사용할 수 있다. 두 음이 한 옥타브 차이라 하자. 그러면 한 음의 주파수를 n이라 하면 다른 음의 주파수는 $2n$이다. $\log_2 2n = 1 + \log_2 n$이므로 $\log_2 n$과 $\log_2 2n$의 차이는 1이다. 따라서 $\log_2 2n \equiv \log_2 n \pmod 1$이 성립한다. 마찬가지로 두 음의 주파수 n과 m이 $\log_2 n = \log_2 m \pmod 1$을 만족하면 두 음은 옥타브 관계에 있다.

좀 더 알아보기

1. 평등의 실현 노동조합

1. 노동3권에 관하여 설명하라.
2. 헌법 제11조, 제21조 그리고 제331조를 상세히 서술하라.
3. 문제 2에 의해 알 수 있는 교훈을 설명하라.
4. 신자유주의가 어떻게 발생하여 전파됐는지 조사하라.
5. 우리나라와 자유무역협정(FTA)을 맺은 나라를 조사하고 자유무역협정이 노동자와 농민을 포함한 시민에게 미칠 장단점을 조사하라.
6. 강대국이 경제적, 문화적, 정치적으로 약소국을 침탈한 사건을 조사하라.
7. 노동자들을 대변하는 한국노총과 민주노총이 어떻게 만들어졌는지 조사하고 그 차이점을 비교하라.
8. 교사들을 대변하는 한국교총과 전교조가 어떻게 만들어졌는지 조사하고 그 차이점을 비교하라.
9. 한국을 대표하는 대기업 중 노동자들을 대변하는 노동조합이 없거나 또는 탄압하는 기업을 조사하고 그 이유를 알아보라.
10. 노동조합이 없는 사회는 어떤 사회가 될지 생각해 보라.
11. 업무방해죄를 회사에서 어떻게 노동자의 파업에 이용하는지 찾아보라.
12. 어떠한 경우에 수의 결합법칙이 성립할 수 없는지 설명하라.
13. 10진법으로 표현한 11, 37, 100, 234, 500, 2689를 16진법으로 표현하라.
14. 16진법 12, 123, A10, ABCD, 10101을 10진법으로 표현하라.

2. 독점 행위의 불편한 진실

1. 본문에서 말한 회사가 TV 광고를 했을 때 판매이익과 광고비가 같아져 결국 한 푼도 이익을 볼 수 없는 광고 시간을 구하라.
2. TV 광고를 했을 때 판매이익에서 광고비를 뺀 이익이 최대가 되는 광고 시

간을 구하라.

3. 광고가 너무 과장되거나 혹은 거짓이어서 피해가 생겼다면 그 광고에 모델로 나선 사람은 어떠한 책임이 있는지 생각해 보라.
4. 우리나라에서 독점기업은 무엇이 있는지 알아보고 그 기업이 민영인지 국영인지 살펴보라.
5. 현재 국영으로 운영되는 인천공항은 흑자를 내고 있다. 그럼에도 정치권에서는 민영화를 하려고 애쓰고 있다. 만일 인천공항이 민영화된다면 어떤 일이 벌어질지 생각해보라.
6. 현재 국영으로 운영되는 교도소를 민영으로 하면 어떤 일이 벌어질지 생각해보라.
7. 군인을 민영화한 것이 용병이다. 만일 군대를 민영화하면 어떤 일이 생길지 생각해보라.
8. 농부가 가는 거리를 나타내는 함수 $f(x)=\sqrt{1+x^2}+\sqrt{(3-x)^2+2^2}$ 을 미분하면 $f'(x)=\dfrac{x}{\sqrt{1+x^2}}+\dfrac{3-x}{\sqrt{(3-x)^2+2^2}}$ 임을 보여라.

3. 미래를 예측하는 수학

1. 인구증가를 맬서스의 법칙으로 보면 인구증가가 기하급수적으로 늘어나게 된다. 한편 식량은 산술적으로 늘어나 식량이 부족하게 된다. 그래서 산아제한을 해야 하는 가족계획이 각 나라의 정책이 되었다. 우리나라의 가족계획 정책 아래에서 태어난 세대인 학생에게 이 이론이 어떠한 영향을 끼쳤을지 생각해 보라.
2. 정확한 인구 예측이 왜 중요한지 구체적으로 살펴보라.
3. 가축을 키울 때 암컷이 더 중요한지 수컷이 더 중요한지 그 이유를 설명하라.
4. 방사성 원소 폴로늄(Polonium)의 반감기는 100년이다. 현재 남아 있는 원

소가 50년 후에 몇 %나 남아 있을지 알아보자.

5. 박테리아 개체수가 3일 만에 두 배씩 증가한다고 하자. 초기 개체수의 3배가 되기 위해서는 며칠이 걸리는지 알아보자.
6. 과학자들은 미래의 사슴 수를 예측하기 위하여 방정식 $\frac{dp}{dt}=0.3p\left(1-\frac{p}{12}\right)$을 개발했다. 현재 사슴의 수 $p_0=4$라 가정할 때 시간 $t=0.5,\ 1,\ 1.5,\ 2$일 때의 사슴 수를 결정하라. 단, 단위는 백 마리이다.
7. 초기치 $p(0)=2501$과 20년 후 인구 $p(20)=3812$를 기준으로 맬서스의 모델을 적용할 때 상수 $k=0.021073$이 됨을 보여라.
8. $p(t)=\frac{ap_0}{bp_0+(a-bp_0)e^{-at}}$은 $p(t)=\frac{kp_0e^{at}}{k+p_0(e^{at}-1)}$임을 보여라. 단, $k=\frac{a}{b}$이다.
9. 우리나라에서 저질러진 부정선거의 사례를 구체적으로 들어보라.
10. 투표인구가 많을수록 전자투표를 선호할 것이다. 전자투표와 수개표투표의 장점과 단점을 알아보라.

4. 낭비를 막아주는 수

1. 두 장의 A4 용지로 A4 용지 위에 A8, 그 위에 A16, 그 위에 A32 등 계속하여 붙일 수 있는 만큼 가능한 많이 붙여 보아라.
2. A0 전지로 A5 용지를 몇 장이나 만들 수 있는가?
3. A0 용지의 넓이는 1m^2이다. 자연수 n에 대해서 An 용지의 넓이는 얼마인가?
4. 크기가 1m^2인 종이의 가로 대 세로의 비가 $\sqrt{2}$이다. 가로와 세로의 크기를 구하고 A0와 비교해 보라.
5. 크기가 1.5m^2인 종이의 가로 대 세로의 비가 $\sqrt{2}$이다. 가로와 세로의 크기를 구하고 B0와 비교해보라.
6. $\sqrt{2}$가 왜 낭비를 막아주는 수인지 그 이유를 설명하라.

7. 복사용지 A4와 B4의 차이점을 설명하라.
8. 종이의 제작에 관한 사례를 인터넷을 통하여 찾아보라.
9. 미터법의 역사에 대해 살펴보고, 지금 얼마나 많은 나라가 미터법을 사용하는지 알아보라.
10. 우리나라에서는 금의 무게와 건물의 넓이를 잴 때 흔히 사용하던 계량 단위인 '돈'과 '평'을 더 이상 사용할 수 없게 되었다. 무엇에 근거하여 사용할 수 없는지 그 이유를 알아보라.
11. 눈금 없는 자와 컴퍼스를 이용하여 세로 대 가로의 비가 $\sqrt{2}$ 인 직사각형을 그려보라.
12. $\sqrt{2}$ 는 무리수임을 보여라.
13. $1.35353535\cdots$를 분수로 변환해 보라.
14. 자연수와 정수의 근본적인 차이점은 무엇인가?
15. 정수와 유리수의 근본적인 차이점은 무엇인가?
16. 유리수와 무리수의 차이점은 무엇인가?
17. 자연수의 집합을 N, 정수의 집합을 Z, 유리수의 집합을 Q, 무리수의 집합을 I 그리고 실수의 집합을 R, 복소수의 집합을 C라 할 때 각각의 포함관계를 집합기호를 사용하여 나타내라.
18. 대수학의 기본정리는 무엇인가?

5. 자전거에 숨어 있는 비율

1. 1분에 페달을 90번 돌릴 경우 회전비에 따른 도로자전거의 속도(km/h)를 구하여 [표 6]과 [표 7]의 빈칸을 채워라.
2. 타이어를 포함한 바퀴의 반지름이 20cm인 자전거가 있다. 이 자전거의 앞기어 40T 톱니와 뒷기어 30T 톱니가 체인으로 연결되어 있다. 이 자전거의

페달을 1분에 60번 회전하면 자전거의 속도(km/h)는 얼마가 되는가? $\pi = 3$으로 계산하라.

3. 자전거의 앞과 뒤에 모두 가장 큰(또는 작은) 기어를 물리면 체인이 얼마나 뒤틀리는지 확인하라.
4. 앞과 뒤에 모두 중간쯤 기어가 물려 있다고 하자. 앞 기어를 큰 기어로 올리면 자전거의 회전비가 높아진다. 앞 기어를 중간에 그대로 두고 비슷한 회전비를 얻기 위해서는 뒤에 있는 기어를 얼마나 내리면 되는가?
5. 앞과 뒤에 모두 중간쯤 기어가 물려있다고 하자. 앞 기어를 작은 기어로 내리면 자전거의 회전비가 작아진다. 앞 기어를 중간에 그대로 두고 비슷한 회전비를 얻기 위해서는 뒤에 있는 기어를 얼마나 올리면 되는가?
6. 자전거를 타면 좋은 점을 5가지만 나열하라.
7. 자전거의 동력은 인간의 다리에서 나온다. 자전거가 달리면 바람과 마찰이 생긴다. 이 마찰을 막은 상태에서 자전거를 달릴 때 지금까지 나온 최고의 속도가 얼마인지 찾아보라.
8. 오직 인간의 자체 동력만을 사용하여 하늘을 날은 경우를 조사해 보라.
9. 트라이애슬론 경기에서 하는 운동 종목을 순서대로 거리와 함께 써라.
10. 석유는 무한히 나오는 자원이 아니다. 언젠가는 고갈된다. 석유가 충분히 생산되지 않는다면 교통문제에 한해서 어떤 현상이 벌어질지 생각해 보라.
11. 지속가능한 도시 또는 국가란 석유가 없을 경우도 도시나 국가의 기능이 유지되는 것을 말한다. 그러한 도시나 나라를 찾아보고 보통의 도시나 국가와 다른 특이한 점을 살펴보라.

6. 황희 정승과 수학의 상대적 진리

1. 황희 정승에 대하여 조사하라.
2. 공 위에서 직선은 대원으로 정의한다. 즉, 두 점을 지나는 가장 큰 원이다. 그러면 공 위에서는 만나지 않는 두 직선이 존재할까?
3. 공 위에서 삼각형을 그리고 세 내각의 합이 180도와 같은지 조사하라.
4. 측량을 하게 되면 도면과 정확하게 일치하지 않는 경우가 많다. 그 이유는 무엇일까?
5. '역지사지'란 고사성어의 뜻은 무엇인가? 그 유래를 조사하라.
6. 평면과 오목한 면 그리고 볼록한 면이 있다. 각 면에서 삼각형을 그리면 내각의 합은 각각 어떻게 될까?
7. 수학의 결과는 절대적이라기보다는 상대적인 진리라 할 수 있다. 그 이유를 예를 들어 설명하라.
8. 기하학에는 유클리드, 로바체프스키, 리만 기하학이 있다. 각 기하학의 모델이 되는 공간은 어떤 공간인가?
9. "삼각형의 내각의 합은 180도이다."와 동치인 평행선 공리는 무엇인가?
10. "삼각형의 내각은 합은 180도보다 작다."와 동치인 평행선 공리는 무엇인가?
11. "삼각형의 내각은 합은 180도보다 크다."와 동치인 평행선 공리는 무엇인가?
12. 아인슈타인에게 영향을 끼친 기하학은 무슨 기하학인가?
13. 유클리드 기하학을 체계적으로 처음 담은 책 이름은 무엇인가?
14. 미분적분학의 기본정리에는 두 가지가 있다. 무엇인가?

7. 고생 끝에 즐거움

1. "젊어 고생은 사서도 한다."는 말은 타당할까? 적분의 개념을 이용해 설명해 보라.
2. 불교에서는 살아 생전에 덕을 쌓으라 하고, 기독교에서는 이웃을 사랑하라고 한다. 이 말에 대해 어떻게 생각하는가?
3. 내가 매일 쓰는 용돈을 나타내는 함수를 용돈(d)라고 하자. 매월 쓰는 용돈(m)을 용돈 (d)와 Σ를 이용해 나타내고, 매년 쓰는 용돈 (m)과 Σ를 이용해 나타내라.
4. 달리기(10km, 20km, 40km)를 해보고 완주했을 때 느낌이 어떤지 생각해 보라.
5. 미분적분학의 기본정리에는 두 가지가 있다. 두 정리가 뜻하는 바가 무엇인지 알아보라.
6. $f(x)=x^3$을 적분한 다음 다시 미분하면 무엇이 되는가?
7. $f(x)=x^3$을 미분한 다음 다시 적분하면 무엇이 되는가?
8. $f(x)=3x^2$을 적분하면 x^3이다. $f(x)$를 $x=1$에서 2까지 정적분하면 그 값이 얼마인가?

8. 종교의 최고 가르침은 이웃 사랑

1. '산티아고로 가는 길'의 역사적 의미를 아는 대로 설명하라.
2. 불교에서 가르치는 '육 바라밀'은 무엇인가?
3. '무재칠시'란 무슨 뜻인가?
4. 디랙 델타 함수 $y=\delta(t)$의 의미를 설명하라.
5. $g(t)=t^2+2t+1$일 때 $\int_{-\infty}^{\infty}\delta(t-1)g(t)dt$의 값을 구하라.

6. 독일의 목사 본회퍼가 한 말 "미친 운전사로부터 핸들을 빼앗아야 한다."에 대해 어떻게 생각하는가?
7. 십자군전쟁의 원인과 과정에 대해 살펴보라.
8. 기독교가 예루살렘을 정복할 때 어떤 일이 벌어졌는지 조사하라.
9. 이슬람교도인 이집트의 술탄 살라딘(또는 살라흐 앗 딘)이 예루살렘 영토를 회복하고 기독교인에게 어떻게 했는지 살펴보라.
10. 현실에서 세계 3대 종교 중 어느 종교가 더 파괴적인지 예를 들어 설명하라.
11. 마틴 루터가 종교개혁을 하면서 농부들을 선동했으나 결과적으로는 농부들을 진압하라고 영주한테 요구했다. 이 역사적 사실을 조사하고 이웃사랑 관점에서 생각해 보라.
12. 장 칼뱅(Jean Calvin)이 스위스에서 종교개혁을 하면서 자기와 의견이 다른 사람을 어떻게 했는지 조사하고 이웃사랑 관점에서 생각해 보라.
13. 유럽인이 아메리카 대륙을 침략하면서 가톨릭을 포함한 기독교가 하느님의 이름으로 어떻게 원주민을 대했는지 조사해 보라.
14. 보상과 배상의 차이점을 찾아보아라.
15. '국토수복운동'에 대해 조사하라.

9. 사형보다 피해자를 더 달래주는 종신노역형

1. 백범 김구 암살 사건을 조사하고 암살자에 대해 어떤 판결이 내렸나 알아보라.
2. 김창룡 암살 사건에 관해 조사하고 암살자에 대해 어떤 판결이 내렸나 알아보라.
3. 위 두 암살자에 대한 처벌의 공평성에 대해 생각해보라.
4. 진보당 당수 조봉암 사건에 대해 조사하라.
5. 〈민족일보〉 사장 조용수 사건에 대해 조사하라.

6. 인민혁명당 사건에 대해 조사하라.
7. 미국의 사코와 반제티 사건(Sacco-Vanzetti case)에 관해 조사하라.
8. 프랑스의 드레퓌스 사건(Dreyfus Affair)에 관해 조사하라.
9. 사형 집행 후 무죄 판결을 받은 경우를 조사하라.
10. 현재 기준으로 가장 가까운 해의 사형집행국과 사형폐지국을 조사하라.
11. 우리나라 영화 〈7번방의 선물〉을 보고 평을 하라.
12. 영화 〈데이비드 게일〉, 〈그린마일〉 또는 〈데드맨워킹〉을 보고 평을 하라.
13. 체사레 베카리아에 따른 형벌의 목적은 무엇인가?
14. 루소는 그의 사회계약론에서 사형에 대하여 뭐라고 했는가?
15. 비록 죽을 죄를 지은 범죄자라도 그 형벌로 사형보다는 종신노역형을 택해야 하는 이유는 무엇인가?
16. 미국에서 사형을 법으로 금지한 주는 구체적으로 어디인지 조사하라.
17. 국제사면위원회 한국지부(www.amnesty.or.kr)에서 사형에 관련된 사항을 조사하라.

10. 신의 세계를 능가하는 수학의 세계

1. 집합론의 창시자 칸토어에 대해 조사하라.
2. 어떠한 경우 무한이라고 하는가?
3. 제논의 역설과 같은 이해하기 어려운 역설이 많다. 몇 가지의 경우를 찾아보라.
4. 홀수와 자연수는 일대일 대응임을 보여라.
5. 10의 배수는 짝수와 일대일 대응임을 보여라.
6. 4의 배수의 개수와 짝수의 개수는 같은지 다른지 설명하라.
7. 유리수는 자연수와 일대일대응함을 설명하라.

8. 실수는 자연수와 일대일대응하지 않음을 설명하라.
9. $\aleph_0$와 $\aleph_1$을 설명하라.
10. 실수의 연속체가설이란 무엇인가?
11. 회전체의 부피와 표면적을 어떻게 구하는지 알아보라.
12. 코흐의 눈송이를 그려보라.
13. 한 변이 1인 정삼각형이 있다. 이 삼각형에서 각 변의 중점을 연결한 삼각형을 빼고 남은 세 삼각형에 또다시 각 변의 중점을 연결한 삼각형을 빼는 과정을 끝없이 반복하면 남는 도형의 면적은 얼마가 되는가?
14. 우리가 사는 지구와 같은 행성을 유한으로 보면 태양계를 무한으로 볼 수 있다. 이러한 태양계가 우주에는 무한히 많다. 그렇다면 무한히 많은 이 우주를 넘어서는 또 무한한 무엇이 있지 않을까? 상상해 보라.

11. 수학의 무소유

1. 법정스님이 말한 무소유란 무슨 뜻인가?
2. 공집합은 어느 집합에든 다 포함된다. 즉, $\varnothing \subset X$이다. 이것을 증명하라.
3. 법정 스님의 《무소유》를 읽고 공집합을 무소유와 비교하여 설명하라.
4. 수식 '만족= $\frac{\text{소유}}{\text{원함}}$'에 따르면 어떻게 하는 것이 행복한 삶을 살 수 있을까?
5. 원함에는 원(願)과 욕(慾)이 있다. 이 차이점은 무엇인가?
6. 우리는 휴대전화 또는 스마트폰을 편리한 도구라고 생각한다. 이것을 소유함으로써 오는 불편함을 생각해 보라.
7. 행복지수가 높은 나라들을 찾아보고 그 이유를 생각해 보라.
8. 휴대전화나 스마트폰을 소지하지 말고 여행을 가보라.
9. 우리나라 전통음악 중 하나인 산조를 들어보고 장구나 북의 소리를 멜로디와 비교하여 들어보라.

10. 모든 집합 X에 대하여 $X \cup \varnothing = X$과 $X \cap \varnothing = \varnothing$이 성립함을 보여라.
11. 무한집합에 관한 칸토어의 이론에 대해 힐베르트와 러셀은 적극 지지했다. 그러나 크로네커나 푸앵카레는 격렬하게 비난했다. 이 논쟁에 대해 알아보라.
12. 집합에 관한 러셀의 역설을 알아보고 힐베르트는 이 역설을 어떻게 극복했는지 알아보라.

12. 삶에 있어 변환-풀이-역변환

1. 각자 갖고 있는 물건의 바코드를 알아보고 검사 숫자를 확인해 보라.
2. 로마숫자의 곱 CLXI×XV를 계산하라.
3. 자신의 주민등록번호를 검사해 보라.
4. 동순이는 방학을 이용해서 열흘간 동남아시아에 배낭여행을 가려고 한다. 그런데 그에게는 모아놓은 돈이 하나도 없다. 어떻게 하면 여행을 갔다올 수 있을까? '변환-풀이-역변환'을 이용해 설명하라.
5. 다음 미분방정식의 일반해를 구하라.

   (1) $y'' - 6y' + 9y = 0$　　(2) $y'' + 4y = 0$
6. 다음 초기치 미분방정식의 해를 구하라.

   (1) $y' - 3y = e^{2t},\ y(0) = 0$

   (2) $y'' - 4y' + 4y = t^3 e^{2t},\ y(0) = y'(0) = 0$
7. 방정식 $x^7 - 2x^5 + 10x^2 - 1 = 0$의 근은 1보다 작음을 보여라.
8. 라플라스 정의를 이용해 다음 함수의 라플라스 변환을 구하라.

   (1) $f(t) = e^{-t}$　　(2) $f(t) = e^{2t}$

   (3) $f(t) = t^2$　　(4) $f(t) = \cos t$
9. 인기그룹 소녀시대는 신세대의 인기에 힘입어, 내놓은 앨범마다 밀리언셀러가 되었다. 많은 돈을 벌은 소녀시대는 국가가 IMF와 같은 재난이나 자연

재해를 당할 때를 대비하여 1000억 원어치 금괴를 비밀장소에 숨겨놓았다. 금괴가 묻힌 비밀장소는 인적이 드물고 해안 가까이에 울창한 숲이 있는 곳이다. 그곳에는 매우 큰 바위가 상당히 멀리 떨어져 마주보고 있고 그 사이의 앞으로 키가 커 아주 돋보이는 참나무가 딱 한 그루 있다. 윤아는 그 참나무에서 오른쪽 바위로 곧장 가서 시계 반대방향으로 90도 회전하여 온 거리만큼 다시 가서 말뚝을 박았고, 유리는 왼쪽 바위로 가서 시계 방향으로 90도 회전하여 온 거리만큼 다시 가서 말뚝을 박았다. 그들은 줄자를 이용하여 두 말뚝 사이의 정가운데에 땅을 파 금괴를 모두 묻고 말뚝은 뽑아 버렸다. 한참 세월이 흘러 건조한 날씨가 계속되자 한반도 전체가 큰 산불에 위협받게 되었다. 소녀시대는 국가에 그 금괴를 기부하기 위하여 금괴가 묻힌 곳으로 갔으나, 거기도 불이 나 모든 나무가 흔적도 없이 다 타버리고 덩그러니 바위만 남아 있었다. 한참 시름에 잠겨 여기저기 마구 파보았으나 그 넓은 땅 어디를 파도 금괴는 보이지 않았다. 이때 수학을 좋아하던 태연이 회심의 미소를 지었다. 그는 어떤 곳도 파지 않고 그 금괴가 묻힌 곳을 찾아낸 것이다. 그는 어떻게 찾았을까?

13. 음악에 숨겨진 정수비

1. 온음정 사이의 간격을 1, 반음정 사이의 간격을 0.5라 하자. 완전 1, 4, 5, 8음정의 음 간격은 각각 얼마인가?
2. 장 2, 3, 6, 7음정의 음 간격은 각각 얼마인가?
3. 단 2, 3, 6, 7음정의 음 간격은 각각 얼마인가? 예를 들어라.
4. 주요 3화음은 으뜸화음(도－미－솔), 딸림화음(솔－시－레), 버금딸림화음(파－라－도)이다. 이웃한 음끼리는 서로 무슨 음정인가?
5. 어울림화음과 안어울림화음의 음정은 각각 어떤 것들이 있는가? 또한 이것

을 길이의 비로 나타내라.

6. 우리나라의 12음계를 순서대로 적어라.
7. 태(太)보다 일음음 높은 음과 중(仲)보다 일응음 낮은 음은 어떻게 표기하는가?
8. 황을 C에 맞추면 우리나라 5음에 해당하는 서양음은 무엇인가?
9. 황을 C에 맞추어 연주하면 무슨 조표의 오선보가 적합한가?
10. 황을 $E^{\flat}$에 맞추면 우리나라 5음에 해당하는 서양음은 무엇인가?
11. 황을 $E^{\flat}$에 맞추어 연주하면 무슨 조표의 오선보가 적합한가?
12. $E^{\flat}$조인 알토색소폰하고 $B^{\flat}$조인 클라리넷이 함께 연주하려면 악보를 어떻게 조옮김해야 하나?
13. '도(C)'를 내는 줄의 길이를 장력을 그대로 유지한 채 그 길이를 2/3로 짧게하여 튕기면 무슨 음이 나오는가?
14. '도(C)'를 내는 줄의 길이를 장력을 그대로 유지한 채 그 길이를 3/4로 짧게하여 튕기면 무슨 음이 나오는가?
15. C 장조인 곡이 있다. $E^{\flat}$조인 알토색소폰하고 $B^{\flat}$조인 클라리넷이 함께 연주하려면 악보를 어떻게 조옮김해야 하나?
16. ♭(플랫)이 3개 붙은 장조의 악보가 있다.
    (1) ♭은 어느 음에 붙어있는지 음명을 순서대로 쓰고, 아래 오선보에 기입하라.

    (2) 이 곡은 무슨 장조인가?
    (3) 이 곡의 으뜸음은 무엇인가?
17. 다음과 같은 장조의 악보가 있다.

    (1) 한 음 내려 오선보에 기입하라. 이때의 조 이름은?
    (2) 두 음 내려 오선보에 기입하라. 이때의 조 이름은?

18. 팽팽히 당겨진 줄의 길이가 32이다. 이 줄을 튕겼을 때 주파수가 240Hz가 나온다.
    (1) 이 줄의 가운데를 누르고 줄을 튕길 때 나는 소리의 주파수는 얼마인가?
    (2) 이 줄의 1/3이 내는 소리의 주파수는 얼마인가?
    (3) 이 줄의 2/3이 내는 소리의 주파수는 얼마인가?
    (4) 이 줄의 3/4이 내는 소리의 주파수는 얼마인가?
19. 이번 달 첫날은 수요일이다. 'mod 7'을 이용하여 각 요일에 해당하는 날짜를 구하라.

14. 음계를 만드는 수

1. 기본음을 내는 줄의 길이를 1이라 하자. 이 길이를 4/3로 늘이고, 또 다시 4/3로 늘이는 과정을 반복하되 그 길이가 2보다 커지면 반으로 나눈다. 이러한 과정으로 구한 11개의 수를 모두 2로 나누고 [표 1]과 비교하라.
2. 내려쌓는 방법으로 만든 피타고라스 음계와 길이의 비 [표 2]를 직접 구해보라.
3. 삼분손익법을 설명하라.
4. 피타고라스 콤마에 대해 설명하라.
5. 림마(또는 소반음)와 아포토메(또는 대반음)에 대해 설명하라.
6. 삼분손익법에 의한 음계에서 소반음과 대반음을 이루는 음을 모두 구하라.
7. 순정율에 대하여 알아보라.
8. 평균율에 대하여 알아보라.
9. 격팔상생법과 순팔역육법에 대해 설명하라.
10. C1을 소리내는 선분의 길이가 1이라면 7 옥타브 높은 C8을 소리내는 선분의 길이는 얼마인가?

11. C1에서 출발하여 완전5도씩 12번 증가하면 7 옥타브 높은 C8에 도달한다. C1을 소리 내는 선분이 길이가 1이라면 7 옥타브 높은 C8을 소리내는 선분의 길이는 얼마가 되는가?
12. 문제 10과 11의 길이가 서로 다른 이유를 설명하고 문제점을 생각해 보라.
13. 주어진 선분의 $\frac{2}{3}$ 되는 지점을 눈금 없는 자와 컴퍼스만 이용하여 작도해 보라.

15. 자와 컴퍼스만으로 악기 만들기

1. A4 종이 위에 선분을 긋고 올려쌓는 방법으로 선분 위에 12개의 점을 표시하라.
2. A4 종이 위에 선분을 긋고 내려쌓는 방법으로 선분 위에 12개의 점을 표시하라.
3. A4 종이 위에 선분을 긋고 삼분손익법으로 선분 위에 12개의 점이 표시된 음계도를 만들라.
4. 악기틀을 만들고 준비된 음계도를 올려 줄을 튕겨 보라.
5. 유클리드 작도란 어떻게 작도하는 것인가?
6. 유클리드 작도로 중점, 2 : 1 내분점 그리고 2 : 1 외분점을 구하라.
7. 유클리드 작도로 3 : 1 외분점과 4 : 1 외분점을 구하라.
8. 선분의 길이가 81cm이다. [표 1]의 1단계에서 4단계까지 길이가 나오는 이유를 설명하라.

참고문헌

김기원·안선필, 《한국 음악 속의 수학》, 한국수학사학회지 17권 4호, 65-76, 2004

김승욱, 《짧게 그러나 완벽하게》, 교우사, 2002

김용운·김용국, 《수학서설》, 우성, 1995

김용운·김용국, 《수학사의 이해》, 우성, 1997

김흥종, 《문명, 수학의 필하모니》, 효형출판사, 2009

남상숙, 《동양의 율산에 관한 연구》, 한국수학사학회지 4권 1호, 35-54, 1987

남상숙, 《동양의 율산에 관한 연구 2》, 한국수학사학회지 5권 1호, 81-95, 1988

데이비드 애치슨, 황선욱 옮김, 《수학세상 가볍게 읽기》, 한승, 2007

디트리히 본 회퍼, 《본 회퍼의 삶과 옥중 시집》, 솔라피데, 2009

류시화, 《나는 왜 너가 아니고 나인가》, 김영사, 2003

리나 자스키스·피터 릴제달, 박경은·조호윤 옮김, 《스토리텔링으로 수학 가르치기》, 경문사, 2013

리처드 만키에비츠, 《문명과 수학》, 경문사, 2002

백대웅, 《인간과 음악》, 어울림, 2010

백찬홍, 《종교의 안부를 묻다》, 평사리, 2010

법정, 《무소유》, 범우사, 2010

법정, 《버리고 떠나기》, 샘터, 1993

슈테판 츠바이크, 《다른 의견을 가질 권리》, 바오, 2009

서우석, 《음악을 본다》, 서울대학교 출판문화원, 2010

서현, 《건축, 음악처럼 듣고 미술처럼 보다》, 효형출판, 2003

엘리 미오, 《무한, 그리고 그 너머》, 사이언스북스, 1997

오강남, 《종교, 심층을 보다》, 현암사, 2011

윤명원 외 4인, 《한국음악론》, 음악세계, 2008

와타나베 쇼코, 법정 옮김, 《불타 석가모니》, 문학의 숲, 2010

울리히 미헬스, 홍종수 옮김, 《음악은이》, 음악춘추사, 2000

윌리암 던햄, 조정수 옮김, 《수학의 천재들》, 경문사, 1997

이규봉, 《Matlab으로 실습하는 수치해석학》, 경문사, 2007

이규봉, 《동서양의 음의 생성을 통해본 정수비의 응용》, 한국수학교육학회지 시리즈 E 24권 4호, 923-937, 2010

이규봉, 《정수비를 이용한 음 생성 관련 교수계획》, 한국수학교육학회지 시리즈 E 26권 4호, 339-349, 2012

이종우, 《기하학의 역사적 배경과 발달》, 2002

정수일, 《이슬람문명》, 창작과비평사, 2004

체사레 벡카리아, 한인섭 옮김, 《범죄와 형벌》, 박영사, 2009

하워드 이브스, 허민·오혜영 옮김, 《수학의 위대한 순간들》, 경문사, 1997

하워드 이브스, 허민·오혜영 옮김, 《수학사》, 경문사, 1998

http://www.doosungpaper.co.kr

http://www.amnesty.or.kr

찾아보기

Math is Life ■ 015

수학의 창을 통해 보다

지은이 이규봉
펴낸이 조경희
펴낸곳 경문사
펴낸날 2013년 9월 1일 1판 1쇄
2015년 8월 1일 1판 3쇄
등 록 1979년 11월 9일 제313-1979-23호
주 소 121-818, 서울특별시 마포구 와우산로 174
전 화 (02)332-2004 팩스 (02)336-5193
이메일 kyungmoon@kyungmoon.com

값 17,000원

ISBN 978-89-6105-697-7

★ 경문사 홈페이지에 오시면 즐거운 일이 생깁니다.
http://www.kyungmoon.com